高等职业教育艺术设计类专业系列规划教材

数字高清影像制作

主　编　姜希尧

副主编　陈伟江　赵海风

U0213467

WUHAN UNIVERSITY PRESS

武汉大学出版社

图书在版编目(CIP)数据

数字高清影像制作/姜希尧主编 . —武汉:武汉大学出版社,2023.3
高等职业教育艺术设计类专业系列规划教材
ISBN 978-7-307-23319-5

Ⅰ.数…　Ⅱ.姜…　Ⅲ. 数码影像—高等职业教育—教材　Ⅳ.TN946

中国版本图书馆 CIP 数据核字(2022)第 173678 号

责任编辑:方竞男　章海露　张　舸　责任校对:刘小娟　　装帧设计:吴　极

出版发行:**武汉大学出版社**　(430072　武昌　珞珈山)
　　　　　(电子邮箱:whu_publish@163.com)
印刷:武汉市金港彩印有限公司
开本:880×1230　1/16　印张:11.5　字数:286 千字
版次:2023 年 3 月第 1 版　　2023 年 3 月第 1 次印刷
ISBN 978-7-307-23319-5　　定价:72.00 元

前言

1999年，著名导演乔治·卢卡斯的电影《星球大战前传Ⅰ——幽灵的威胁》在美国上映，这是第一部公映的商业数字电影，标志着1999年成为数字电影发展史的元年。时至今日，数字电影已经成为全世界电影院的主要播放物。各大传统的影像器材制造商纷纷推出数字影像产品，在很大程度上为数字电影的发展打下了坚实的基础。近年来，随着数字摄影机的普及，数字影像的拍摄和制作变得简单。常用的数码照相机都添加了摄像功能，并且都能拍摄出高质量的影像，价格也比较低廉。两三万元的预算就可以配置一套不错的数码影像拍摄器材。越来越多的高校学生开始进行数字影像的创作。

编者多年来都在从事影像工作，曾经在上海的电视媒体担任编导和摄像师，参与了一些电视节目的制作和影视作品的拍摄与剪辑，积累了一定的经验，在编写本书的时候，运用的案例有一部分是编者参与拍摄及制作的作品，这些案例具有一定的代表性。本书主要是让大家了解数字高清影像制作的全过程，以及在这一过程中需要注意到的细节。书中章节与章节之间具有连续性，从一部数字影像作品的前期准备开始，到中期的拍摄，再到后期的剪辑、调色，每一个步骤都有相对应的章节进行阐述，希望能给高校学生带来帮助，使他们对数字高清影像制作有一个全面的了解。

本书由姜希尧担任主编，陈伟江和赵海风担任副主编。陈伟江主持编写了"数字高清影像的颜色调整"这一章节，并提供了非常丰富的案例。拥有法国电影学院留学背景的赵海风主持编写了"如何当一个数字高清影像的导演"和"剪辑的规则"两个章节，其有扎实的影视导演理论功底和丰富的实践经验，在编写过程中对数字高清影像导演的工作

进行了深入浅出的分析，并结合具体案例对剪辑的 写。由于水平有限，本书难免会有一些不足之处，

规则进行了细致的解读。姜希尧负责其他章节的编 恳请大家给予指正！非常感谢！

编　者

2022 年 4 月于上海

目　　录

1 数字高清影像制作概论

在本书中，我们将详细介绍数字高清影像制作的流程，增加了很多实际操作的案例，让学生能非常直观地了解数字高清影像制作的整套流程，并且能完成一部高质量影视作品的制作。为了实现这个目标，我们从一个剧组里最基础的部分——演员与工作人员开始，来介绍影视制作的基本知识，让大家了解影视制作中不同的职务及其责任。

1.1
演员与剧组的工作人员

一部影片的诞生需要经历一个相对漫长的过程，每一个步骤都对这部影片起着决定性作用。挑选适合剧本的演员、组建可靠且专业的工作团队就显得尤为重要。对于一个有经验的导演来说，其一般会选择与其有过合作的团队来组建整套班子，因为其已经了解了这些团队的工作能力和风格，可以非常顺利地与他们进行沟通，而不必把时间浪费在说明和讨论上。当然每一部新电影一定会有新的工作人员加入，只要其能弄清楚自己的职责，经过磨合都能够顺利融入团队。下面分别介绍数字高清影像制作团队各成员，以及其肩负的责任。

1.1.1 演员

演员（actor）是整部影片的核心。影片质量、票房都与演员密切相关。在导演挑选好演员之后，演员就开始进入工作状态，他们需要一一完成定妆、熟悉脚本、背台词、彩排等工作。在一个剧组里演员分好几种，有主角、配角、客串演员、群众演员，还有特技演员和替身。当然主角是最重要的演员，他们的薪酬是最高的，戏份也是最重的。配角也同样重要，他们有相当多的台词和场景，配角的高光表演也会为影片增彩不少。

在演员这个群体里有一个特殊的群体，那就是动物演员。我们在很多以动物为主角的电影里能看到它们精彩的表演，比如电影《忠犬八公的故事》，主演就是一只小狗。有动物演员在场的时候，我们往往会需要一个动物训练师来帮助我们调整动物的表演状态，这样的电影拍摄起来难度很大，一个镜头往往需要重复拍摄好多次。

1.1.2 编剧

编剧（scriptwriter）是最早参与到影像制作中的筹划人之一，也是整个影像制作过程中极为重要的人物。编剧大致有两类，一类是影片基础故事的编写者，他们创作的作品被称为原创剧。还有一类编剧是把小说或者其他作品改编成符合影视拍摄要求的文字形式。目前在中国国内影视制作市场，改编的影视剧占有相当大的比例。总的来说，编剧的工作通常分为几个阶段。最开始就是要编写一个故事梗概（如图 1-1 所示），也就是叙述整个故事基本情节的简要文字。如果有电影制作公司或者投资商看中这个故事梗概，并与编剧达成一定的合作意向，那么编剧就要写一个分场大纲，也就是每个场景里发生的情节，其通常叫作文学脚本。

故事梗概
《这个杀手不太冷》

纽约贫民区住着一个意大利人，名叫莱昂，他是一名职业杀手。一天，邻居家小姑娘玛蒂尔达敲开了他的房门，要求在他这里暂避杀身之祸。原来，邻居家的主人是警察的眼线，因贪污了一小包毒品而遭到恶警史丹菲尔剿灭全家的惩罚。玛蒂尔达得到莱昂的救助，开始帮莱昂管理家务并教其识字，莱昂则教女孩用枪，两人相处融洽。并且在他们之间还产生了一种奇妙的化学反应：爱情。女孩跟踪史丹菲尔，贸然去报仇，不小心被抓。莱昂及时赶到，将女孩救回。他们再次搬家，但女孩还是落入史丹菲尔之手。莱昂撂倒一片警察，再次救出女孩并让她通过通风管道逃生，并嘱咐她去把他积攒的钱取出来。莱昂则化装成警察试图混出包围圈，但被狡猾的史丹菲尔识破，不得已引爆了身上的炸弹。

图 1-1　电影《这个杀手不太冷》故事梗概

当编剧完成了整个剧本的创作之后，就需要和电影制作公司商讨剧本的价格。价格谈拢之后，编剧会和电影制作公司签订协议，把剧本的拍摄版权卖给电影制作公司。在进行剧本拍摄的时候，现场的编剧往往会根据现场导演的要求对某些场景进行改编以拍出更好的效果。当然在这个时候，原本的编剧不一定会出现在拍摄现场，在大部分情况下都是电影制作公司派遣自己的编剧在现场根据导演的要求对场景情节进行改编。

1.1.3　制片人

制片人（producer）在整个剧组里是一个非常重要的职务，其主要负责剧组的组织工作和领导工作。制片人有权力聘请什么样的导演、什么样的制作团队和选择适合本影片的演员，是一个剧组里权力最大的成员。除此之外，制片人最重要的工作是控制整个剧组的预算，保证能在合理的时间和预算内完成影片的拍摄和制作。如果按职责来分，制片人可以分为执行制片、助理制片、制片主任、现场制片以及外联制片等。

执行制片主要负责把控剧组资金的使用，协调剧组各个部门之间的关系，监督拍摄和制作的进度，制订宣传和推广的计划。

助理制片是执行制片的副手，负责处理执行制片确定的所有事情，是一个非常重要的角色。

制片主任负责帮助执行制片把拍摄的剧本进行分解，所以制片主任需要对剧本非常熟悉，还要在现场确认所有和拍摄相关的东西是否准备齐全，编制拍摄计划，确定剧组里每个人负责的工作。

现场制片负责对拍摄的现场进行协调，确保每一个环节不能有差错，如果发现问题，现场制片要提供解决的方案，例如现场的电力供应、场地使用等。

外联制片负责剧组的对外联系，包括联系住宿、联系车辆、安排宣传人员、安排剧照的摄影师等工作。

1.1.4　导演

导演（director）是整部影片拍摄和制作过程中的领导人物。在欧美国家的电影制作团队中，执行制片是握有实权的，他们拥有开除导演的权力。在我国则没有这样的情况，导演是一个摄制组的核心，是这部影片的作者。每一个导演都会有鲜明的个人特色，也会有自己独特的工作方式。导演会在整部影片的筹备期就开始介入，在拍摄时掌控现场的画面，在影片后期剪辑和特效制作时把握影片的主调和节奏。（由于导演极为重要，因此本书特在第9章详细介绍"如何当一个数字高清影像的导演"）

一般来说，拍摄一部规模较大的影片时导演都会有一到两个助理导演。助理导演的主要工作是帮助导演安排好拍摄当天的事务，还要担任各方面的联络人，如通知化妆师和演员上场拍摄的时间等。助理导演最重要的工作就是确保整个工作团队正常运行。在有些情况下，为了保证拍摄的进度，助理导演还会带领第二摄制组去拍摄其他的场景。

另一个在导演身边的重要人物就是场记。场记做的事情很烦琐，要跟在导演身边记录下很多拍摄中的细节，比如演员在这一场戏中戴的帽子和下一场是不是一样，甚至有些场景是过几天再拍的，这时候场记就要记录下当天拍摄时演员的着装，等到过几天拍摄的时候提醒演员的穿戴要和前几天场景中的一样。场记表如图 1-2 所示。场记还要记录下每个镜头拍摄的好和坏，这个很重要，能让后期剪辑师很方便地把需要的素材挑出来，节约了时间，提高了剪辑的效率。

电影场记表

片名：＿＿＿＿＿＿　　日期：＿＿＿＿＿　　第＿＿天　　页码：＿＿＿＿＿

导演：		A 摄影：	B 摄影：	场记：	录音：	□晴 □阴 □雨 □雾 □雪	
拍摄地点：（内 / 外）							
拍摄内容：							
序号	场号	镜号	次号	A 机时间码	B 机时间码	音频时间码	A 机 NG	B 机 NG
1								
2								
3								
4								

图 1-2　场记表

1.1.5　制作设计师

制作设计师的任务主要是对整部影片的"外观"进行设计，还要指挥布景的工人制作场景的模型，要对置景进行协调。很多场景里面需要加入虚拟的三维图形，也就是在拍摄的现场看不到的画面，这个时候制作设计师就要指挥所有参与制作的人员和后期的特效师沟通如何布置场景，协调好现场的美学效果，要确保布置的场景与后期合成的视频软件相互协调。

1.1.6　道具师

道具师需要和制作设计师保持密切的沟通。道具师要知道在什么样的场景摆放什么样的道具。例如有的场景需要打碎一个花瓶，道具师摆放的这个花瓶就需要用特殊材料制作，保证在花瓶破碎的时候不伤到

演员。道具师还有一个重要的工作就是要记住道具摆放的位置，如果在拍摄的过程中道具被演员动过，那么在这个镜头需要重新拍摄的时候，道具师要负责把这个道具放回原处。

1.1.7　摄影师

通常影视制作团队里的摄影师不是指拍摄照片的摄影师，而是指拍摄视频的摄影师。在一个影视制作团队里，一般把首席摄影师称为"摄影指导"。摄影师是需要和导演密切配合的，在现场，摄影指导要决定摄影机拍摄的方位和高度，还要决定场景内的灯光如何布置。摄影指导都会有摄影助理，在拍摄的时候摄影助理会帮助摄影指导摆放机器，有时候摄影助理也会负责掌镜。

在拍摄的过程中摄影机有时会被安放在一些辅助设备上，例如摄影升降机（图 1-3），这个时

候就会有专门的工作人员一起协同摆放和安放摄影机。在拍摄的时候，工作人员需要和摄影师一起操作辅助设备。

作员辅助录音师对话筒位置进行调整，录音师则负责采集现场的声音并进行混合。除了对白之外，有很多音效需要在录音室或者其他的地点进行采集。图 1-4 所示为专业录音棚。

1.1.8 录音师

录音师的工作相当辛苦，他需要全程跟随影片拍摄来采集影片现场声音。在现场会有吊杆话筒操

1.1.9 后期剪辑师

在以前，后期剪辑一般都会安排在所有拍摄

图 1-3　摄影升降机

图 1-4　专业录音棚

结束后进行。随着现代后期剪辑系统的集成化、便携化，很多剧组开始边拍摄边进行后期的剪辑。这样在剪辑当中就可以发现哪些画面不符合导演的要求，当场就能安排重新拍摄，避免了后期剪辑完之后发现有缺陷的地方再补拍的情况出现。尤其是需要做特效的部分，当场剪辑更容易发现问题，从而及时采取措施，避免给后期的特效制作增加难度。

当然，在现场仅仅是对整个影片进行粗剪，后面的精剪、特效制作、包装和调色等工作还是要等到整个影片全部拍摄完成后在后期剪辑工作室（图 1-5）慢慢完成。

1.1.10 特效师与视觉效果师

特效师与视觉效果师的工作是整部影片制作过程中最耗费时间的，尤其是电脑制作与实景合成的画面，需要经过很多次的调整才能达到导演的要求。那些捕捉真人动作，再进行特效处理的工作会耗费大量的人力。例如一些好莱坞的商业大片，很多以假乱真的特效都是通过电脑合成来完成的，所付出的成本相当高昂。

在影片剪辑完成之后，对影片进行色彩处理也是一项很重要的工作，这需要电影视觉效果师来完成。视觉效果师会根据导演的要求对画面进行初级调色、二级调色和局部的细节调色。配合不同影片的格调，色调会有不同的变化，有时候在同一部电影里，根据情节的不同，影片的色调也会发生变化。图 1-6、图 1-7 所示为达芬奇调色软件。

总之，特效与视觉效果制作在一部电影的生产过程中是必不可少的环节，也是相当重要的部分，它决定了整部影片的质量。

图 1-5　电影后期剪辑工作室

图 1-6　电影后期调色软件 DaVinci Resolve

图 1-7　调色软件 DaVinci Resolve 的操作界面

1.2

传统电影制作与数字高清影像制作

数字技术的发展改变了现代电影的制作技术。不过在现代电影的制作中通常还保留着一些传统老电影专有的模式，虽然目前看起来现代电影与传统老电影有很大的不同，但是单纯从操作理念方面来说，有很多地方两者还是一致的。所以一个现代电影的制片人，也应该了解传统老电影的制作方式，这样才能够更好地了解自己的工作职责。

1.2.1　传统电影制作

很久以来，电影的制作方式没有什么大的变化，确定拍摄的剧本，制片人找到合适的导演，导

演组织摄制组成员，然后开始挑选演员、摄影灯光团队、拍摄场地，以及制作道具、置景等一系列工作，这些都属于拍摄的前期准备。

等所有的准备工作落实之后，开始进入前期的拍摄阶段，这个阶段需要整个摄制组一起运转，工作量也随之增大。传统的摄影设备一般都是胶片摄影设备，胶片的成本相当高，而且在拍摄的时候所用到的拍摄设备，对灯光的要求都非常高，需要很精准的测量数据。拍摄结束后需要将胶片送到专门的冲洗公司进行冲印，并对冲印后得到的胶片进行拷贝，对原始的胶片进行存档，再用刀片对拷贝的胶片进行裁剪，用特殊的胶带按所需要的顺序把胶

卷连接起来，与此同时还要用记号笔进行标注。

后期还要请专门的乐队来录制影片的音乐，然后将音乐与旁白合到另一个磁带上，最后把胶片和录有声音的磁带结合做出拷贝，将这个拷贝再复制成若干个拷贝送到各个电影院放映。

1.2.2 数字高清影像制作

随着数字化技术越来越成熟，影像艺术被赋予了新的生命。数字技术尤其是数字特效的应用使得电影的拍摄、后期的剪辑、素材的保存、声音和画面的合成变得十分方便。影片也通过数字化的形式来发行，大大提高了电影的传播速度。虽然现在影片的制作还保留着很多传统的电影制作模式，但是不得不承认，数字化的制作方式对电影的发展起到了决定性的作用。

数字高清影像制作相对于传统电影制作，节省了大量的成本和制作时间。传统电影制作需要使用胶片进行拍摄，而一卷胶片动辄几千元，完成一部影片的制作需要花费上百卷甚至更多的胶片。此外，后期胶片的冲印也是一笔不菲的开销。在进行后期剪辑的时候往往需要先把胶片转成磁迹信号导入电脑进行剪辑，等剪辑完成后再转成胶片放映，制作的周期长。而数字高清影像制作就简单多了，其使用存储卡进行画面的记录，存储卡可以重复利用，降低了成本，在后期制作的时候只需要直接把存储卡中的内容导入电脑便可以立刻进行剪辑，缩短了制作的周期。在剪辑完毕后可以导出各种不同的格式，来匹配播放设备。现在越来越多的影视制作团队都选择使用数字高清设备来进行影像的制作。

练习题

一、编写一个简单的故事大纲，包括人物、时间、场景、情节发展、高潮、结尾。

二、编制一个简单的场记表，包括导演、摄影师、拍摄地点、拍摄内容等。

三、写写对于数字高清影像制作的认识。

2 数字高清影像制作的筹划

如果要成功制作一部数字高清影像,就需要做大量的筹划工作。筹划工作贯穿整个数字高清影像制作过程。比如在拍摄的过程中,原先设计好的拍摄场地由于一些意想不到的事情发生需要改变,这个时候就需要重新筹划。

对于学生而言,通常学校都会提供免费的设备和场地给学生使用,免去了筹划工作,这往往使得学生得不到相应的锻炼,对筹划工作大部分时候都是"纸上谈兵"。对一个成熟的影视制作团队来说,前期的筹划工作是相当重要的。

2.1

寻找合适的剧本

对于一个专业的剧组来说,剧本是拍摄方早就定好的,剧组只需聘请编剧,在拍摄的过程中,编剧只是根据导演的要求更改一些情节。但是对于学生来说,他们可能就会面临一个问题,即没有资金聘请编剧来帮助完成剧本,因此必须自己创作。适合学生的剧本不宜过长,这可以让他们在有限的课时内完成整个项目。

2.2

对剧本进行合理的分解

在剧本完成之后,就要开始对剧本进行合理的分解,并形成分镜头脚本。这里的"分解"还涉及根据剧本安排演员、道具、布景、化妆、服装等。在专业的团队里面,一般会由剧组的制片主任利用电脑来进行剧本的分解,对各种元素进行分类,在电脑上只需要点开"演员"选项就能查看所有演员的资料,点开"场景布置"就能查找所有的场景布置等。

对于学生而言,可能没有办法拥有专业的设备,但是可以使用一些简单的分解法,例如在剧本上直接用笔来做记号,用各种不同的图形来标记出场人物、布景等,也可以用不同颜色的笔来标注不同的项目。每个地方都要做好详细的记录,因为在拍一部影片的时候,一般都不是按照剧本的顺序来拍摄的,需要根据不同的场景和出场人物来安排拍摄,所以对剧本进行合理的分解,会给整个拍摄带来非常大的便利,使拍摄脉络清晰。图 2-1 所示为电影《这个杀手不太冷》的开场分镜头脚本。

《这个杀手不太冷》开场分镜头脚本

镜号	景别	摄法	内容	音乐	音响	时间
1	大全	航拍	从湖面到森林到城市的远景	Noon		30s
2	大全	移	街道的景色,镜头向前移动	Noon		12s
3	大全	移	街道的景色,镜头向前移动	Noon		8s
4	全景	摇	街道到天空,镜头向前移动	Noon		4s
5	全景	移	由饭店的外景进入饭店内,镜头向前移动	Noon	略为神秘恐怖的音效	4s
6	特写	固定	在红白格的桌布上,两手中间放着一杯牛奶			3s
7	特写	固定	里昂戴着墨镜,墨镜反射对方及桌上的东西			3s
8	特写	固定—运动	老板抽烟,随后移动拍摄老板的眼睛			5s
9	特写	固定	以老板虚化的手为前景,拍摄里昂			3s
10	特写	固定—下移	先拍摄老板的左眼,随后拍摄老板的嘴巴,抽烟的动作			3s
11	特写	固定	老板将烟放进烟灰缸并弄灭			3s
12	特写	固定	老板说话的嘴			3s
13	特写	固定	死胖子的黑白照片放在桌子上			3s
14	特写	固定	里昂戴着墨镜,墨镜反射老板和桌上的东西。在右斜方有杯子的虚影			3s
15	特写	固定	老板的左眼,眼睛的眨动,最后眼睛向上看里昂			3s
16	特写	固定	死胖子的黑白照片放在桌子上			3s
17	特写	固定	老板的鼻梁与一只左眼			3s
18	特写	固定	里昂的墨镜与鼻梁。画面从暗变亮,最后点头说话			7s
19	特写	固定	里昂端起牛奶喝掉			3s
20	特写	固定	老板的左眼和鼻梁,并且眼睛向上看			3s
21	特写	固定	从里昂的眼睛中拍摄喝牛奶的动作,老板双手交叉		紧张的鼓声	3s
22	特写	固定	里昂放下杯子,只拍摄手与放下杯子的动作,并将手移出画面		杯子放桌上的响声	3s

图 2-1　电影《这个杀手不太冷》的开场分镜头脚本

2.3

安排拍摄的进度

经过剧本的分解,我们就可以有效地安排拍摄的进度,如前期的筹备、中间的拍摄、后期的剪辑等,会形成一个有序的体系。

2.3.1　拍摄日程表

拍摄日程表(shooting schedule)是剧组里最重要的一个表格,这个日程表会列出每天拍摄的内容,具体到拍摄日期、时间、场次、剧本页码、情节、地点、演员、道具、服装等项目的细节。图 2-2 所示为《318 公路》的拍摄日程表。

拍摄日程表是对整个剧组拍摄进度最有效的控制表,当然有时候也会受到主客观因素的影响,比如导演的需求发生变化,很可能会在原有的计划基础上有所改变。这就需要看整个剧组的临场应变能力了。

拍摄日程表

片名：318 公路 _____ 摄影师：_____

导演：_____

拍摄日期	时间	场次	页码	情节	拍摄地点		演员（群演）	道具	服装	美术	备注
11/2	上午 8:00—12:00	7	3	阿丽与阿青在公路相遇	外景	公路	阿丽、阿青	摩托车	骑手服		
11/2	下午 13:00—18:00	10	8	阿丽和阿青一起住在才旦的酒店里，两人互相交谈	内景	酒店	阿丽、阿青、酒店服务人员	包、洗漱用品	居家装		
11/3	上午 8:00—12:00	20	16	阿青一人走上寻找寺庙的路	外景	公路	阿青	背包	出行装		
11/3	下午 13:00—18:00	16	11	阿丽在寺庙里忏悔点起长明灯	内景	寺庙	阿丽、寺庙僧众	长明灯、蜡烛、点火棒	出行装	墙上的唐卡	
11/4	上午 8:00—12:00	31	26	阿丽在路上遇到了逃避追踪的明祖	外景	公路	阿丽、明祖	背包	出行装，明祖破衣烂衫		
11/4	下午 13:00—18:00	32	27	阿丽和明祖躲在石窟	内景	石窟	阿丽、明祖、追踪的村民	村民用的武器，刀、棍子	出行装、村民服装		

图 2-2 《318 公路》的拍摄日程表

2.3.2 提示板

我们经常在摄制组里看到在每个镜头开拍之前都会有一块提示板（图2-3）放在镜头前面，上面写着拍摄的镜号、场景、地点、导演和摄影师等信息，这样做是为了方便导演在后期挑选镜头素材。

在现在的电影拍摄中往往会使用电子提示板（图2-4），电子提示板上的提示信息可以通过电脑打印出来，还可以使用条形码来扫描，更加方便了后期素材的挑选。

图 2-3 电影提示板

图 2-4 电子提示板

2.3.3 制作日程表

制作日程表（production schedule）（图 2-5）也是一个非常有用的表格，在这个日程表中会显示出每一项工作所分配到的时间，并且会注明完成的期限。学生在制作影片的过程中也要配合指导老师做好制作日程表，确定好最后交片的期限。学生拍摄一部作品，往往会在前期花费大量的时间，到最后剪辑合成时时间会显得很紧张，从而影响最后交片的时间，所以在这方面尤其是学生一定要为后期制作留下充足的时间。

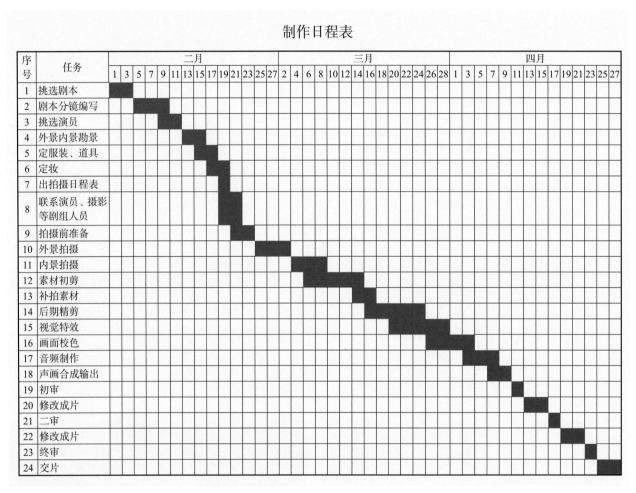

图 2-5　制作日程表

2.3.4 通告表

通告表（call sheet）是另外一个控制进度的表格，该表会显示隔天的拍摄地点、集合时间等信息。一般来说，通告表是提前一天在拍摄场地公布的，可以让剧组的人知晓第二天需要做什么工作。对于学生而言，他们的作品比较简单，场景也相对较少，不太需要用到通告表。但是也建议制作一份现场的通告表，列出第二天所有演员、服装师、道具师、化妆师等工作的时间和地点。如果是专业的通告表则会更加详细，甚至会注明哪个司机负责运送人员、车牌号是多少、中间休息吃饭的时间等。电影拍摄通告表如图 2-6 所示。

电影《××》拍摄通告表

拍 摄 日 期							集 合 时 间		
拍 摄 地 点							出 发 时 间		
拍摄当天天气							开 拍 时 间		
拍 摄 内 容									
序	场	主场景名	分场景名	景光	内外	长度	内容提要	个别角色及群众	主要戏用道具
化妆时间									
出发时间									
群众演员									
注意									

制片：	服装：	执行导演：	场记：	场务：
道具：	化妆：	演员副导演：	照明：	录音：
导演：				摄影：

图 2-6 电影拍摄通告表

2.4

预算

一部影视作品的诞生离不开预算，没有预算什么都是空谈，再好的剧本也是一个无法实现的梦想。

在一部影视作品开拍之前，做一份详细的预算相当有必要。在预算中需要体现付给执行制片、导演、演员、摄影师等的薪酬。设备的租赁、布景、道具、化妆、服装、交通、餐饮、后期剪辑、音乐制作、音效制作等的费用，也都需要在预算中有所体现。在专业的剧组里还会考虑保险费、法律费等费用。最后还要预留大约10%的备用金，以防拍摄时的突发状况影响到拍摄的进度。

对于学生而言，他们不会把预算做得特别详细，但是有一些必要的项目一定要在预算表里体现出来。一般而言，学生作品的编剧、导演、演员以及后期剪辑师大多是由学生自己来担任，这部分的预算可以不计。摄像机、拍摄用辅助设备、灯光、道具、布景、餐饮、交通等方面的花费是必不可少的，所以在做预算的时候应该仔细核算，把成本控制在学生能够承受的范围之内。

外景选择、布景设计与搭建

外景的选择对整个影片有很大的影响，专业的影视制作团队会十分重视外景的选择，有时候导演会亲自带人去现场实地勘景，从中挑选出最符合影片需要的外景，然后安排助理去沟通外景拍摄的事宜。特别是现在很多影片都需要利用数字后期来完成合成，在勘察外景的同时就需要记录好哪个地方的树木或者建筑需要后期处理，去掉一些不协调的物体。所以勘察外景是完成一部高水平影片必不可少的环节。

至于布景设计，其实和外景的选择也有非常密切的关系。布景设计要和外景拍摄的画面搭配起来，在没办法在外景中完成很多场景拍摄的情况下，在摄影棚内搭景拍摄就变得尤为重要。从 20世纪六七十年代开始，就有很多电影在摄影棚内搭景完成拍摄（图 2-7、图 2-8 所示为上海电影博物馆摄影棚）。在摄影棚内拍摄有很多的好处，如你可

图 2-7 上海电影博物馆电影拍摄布景 -1　　图 2-8 上海电影博物馆电影拍摄布景 -2

以不必为外景中阳光的位置担心。在外景中拍摄的时候，需要计算好太阳的位置，抓紧时间拍摄，这往往会使得拍摄时间非常赶，有时候阳光没有了，可还没有拍到满意的画面，那就不得不等到第二天再进行拍摄，如果第二天的天气和第一天不一样，甚至没有太阳，那就麻烦了。

在摄影棚内布景拍摄就可以有很强的掌控性，不必再为阳光的位置而烦恼，摄影棚内的人造阳光和自然阳光没有区别，你还可以随意移动阳光的位置，而且定好的位置不会变动，直到你拍摄下一个场景。你可以在摄影棚内搭建任何你想表现的场景。例如，电影《泰坦尼克号》在船头的场景就是在摄影棚内布景拍摄的（图2-9）。还有拍摄设备，不需要每天打包带回住宿地，可以放在摄影棚内连续拍摄使用，大大节省了安装、调试设备的时间。

对于学生来说，在摄影棚内布景进行拍摄会比较困难，因为摄影棚内的布景成本比较昂贵，如布景的材料费、工作人员的薪酬、租金，再加上对灯光的要求也很高，这些因素使得用摄影棚拍摄需要准备一大笔预算。所以学生作品还是以外景拍摄居多，相对而言外景可能是免费的，或者只需要预备很少的费用就能满足拍摄的需求。

图 2-9 电影《泰坦尼克号》摄影棚场景搭建

一旦决定要搭建一个场景来进行拍摄，首先需要布景师绘制出场景的平面图，同时还要综合考虑导演、摄影指导、艺术指导、灯光指导等提出的意见。然后用电脑模拟出整个场景，场景中所有的尺度都非常精确，电脑甚至可以模拟出摄影机镜头的构图、运动以及焦点等效果，接下来就可以让导演组来决定需要修改的地方。

导演组认可了电脑模拟的场景之后，就可以开始正式搭建了。如果场景空间大，搭建的过程会很漫长，所用的材料一般都是容易安装和改变造型的材料，这些材料经过油漆或者涂料的修饰就可以变成一座城墙，或者一座小山。在搭建场景的同时，为了保证演员的安全也要考虑到坚固性的问题。

2.6
服装、化妆、发型设计

服装、化妆、发型设计这些工作在影片开拍前都已经确定好了。值得注意的是，同一个场景往往不是一天能够拍完的，实际拍摄的时间可能会是两天、三天甚至更久。所以负责服装、化妆、发型设计的工作人员要记住第一天拍摄的演员的所有造型，要保证在后面的拍摄中造型与第一天的一致，如果有一点疏忽就会出现很明显的漏洞，甚至连后期都难以补救，这是整个摄制组都不愿意看到的。

现代的数字高清影像对画面的解析度相当高，有一点细节上的失误就会在屏幕上被放大。目前，喷雾化妆正越来越多地被剧组采用，化妆师只需要用一台类似喷涂装置的机器就可以使演员的妆容变得很自然。

2.7

特效的构思

在拍摄的现场往往需要做很多特效，比如身上中枪流出鲜血，需要化妆师配合完成；衣服被刀割坏，需要服装师配合完成；桌子在打斗中被砸坏，则需要布景道具师配合用特别的材料制作出以假乱真的桌子以便让演员更容易砸破，还要保证破裂后的材料不能对演员造成伤害。

现在大量的特效都是运用数字技术制作的，并会和影片拍摄的内容结合起来，这对电脑特技提出了很高的要求，稍微有一点和实景拍摄的内容不相

称的地方，就会让观众看出差别。而且电脑特效制作在开拍之前就需要开始进行，因为电脑特效制作的周期相当长，在制作的过程中还需要考虑如何将摄制组构图拍摄的实景画面与数字特技的画面相结合。图2-10所示便为漫威系列电影电脑特效与实景拍摄的合成效果。

无论是现场的特效还是数字技术后期的特效都需要谨慎处理，一定要做到和整个拍摄现场的画面相融合。

1

2

3

4

图 2-10　漫威系列电影电脑特效与实景拍摄合成效果

2.8

声音处理

在我们的认知里，声音的处理通常是在拍摄和后期剪辑的时候才会进行，但是还是建议大家在开拍之前就做一个声音处理的计划。录音师在开拍之前要对剧本的对话进行了解，然后确定哪些对白可以在现场录制下来，哪些对白可能由于现场出现嘈杂的环境声而需要后期重新补录。不过就算是要日后补录的对白也要在拍摄现场把声音录制下来，以便在后期补录的时候作为参考音。

在一部影片里如果不是你自己创作音乐，而是要用到其他歌手的音乐，就需要注意版权问题，这需要和拥有该音乐版权的公司取得联系，购买版权，不然，一旦出现侵权的行为，就可能会被罚款，甚至会使整个剧组受到影响。

2.9

确定所需要的拍摄设备

在正式开拍之前，所有的拍摄设备都应该确定下来，要明确哪些设备需要购买，哪些设备需要租赁。无论是购买还是租赁，在拍摄之前都要仔细地检查设备的性能是否能满足拍摄的需求。尤其是在进行外景拍摄前，一定要测试设备的性能，要检查镜头是否有划伤、对焦是否准确、三脚架是否灵活，如有必要要先给三脚架上润滑油；还要检查灯泡是否能亮，备用灯泡是否带够。如果在拍摄过程中设备出现故障，如何用最快的方式找到维修人员对设备进行维修等，这些问题都需要事先做好预案。

2.10

安排拍摄的行程和食宿

要安排好整个摄制组的行程和食宿。在拍摄过程中所有的工作人员都很辛苦，千万不能让工作人员饿着肚子工作，这样会引起他们的不良情绪。可以事先预定好专门提供膳食的公司，让公司将膳食直接送到拍摄点，这样既节约了时间，也不需要负责食宿的人员到处去找食物。有条件的摄制组在拍摄过程中会安排吃点心的时间，让工作人员保持愉悦的心情，这对保证拍摄的进度大有好处。如果在外地甚至国外拍摄，要事先联系好住宿，住宿地不能离拍摄地太远，不然路上耗费的时间会很长。要安排好所有的车辆，可以将拍摄设备集中装载在几辆车上，相关人员可以先乘这几辆车到拍摄地进行准备工作，导演、演员等也需要安排特定的车辆接送。

学生的影视拍摄则不会有太多的行程安排，不过装载设备的车辆一定要安排妥当，最好是一辆车能装齐所有的设备，这样既节约了成本，也能把控转场拍摄的时间。

练习题

一、编写一个3分钟短片的完整分镜头脚本，包括镜号、拍摄方法、画面内容、旁白、音效、音乐、时长等。

二、根据上题编写的分镜头脚本制作一个拍摄日程表，内容参照图2-2。

三、编制一个制作日程表，内容参照图2-5。

四、编写一个电影拍摄通告表，内容参照图2-6。

3 摄影机的选择

随着数字技术的飞速发展，数字高清影像摄制技术已经开始逐渐取代传统的胶片摄影技术。虽然现在还有一部分导演坚持用胶片进行影片的创作，但是不得不承认数字高清影像摄制技术在缩短制作周期、控制成本、满足灯光要求、素材应用、后期特效等方面都要比传统胶片制作更有优势。

随着数字高清摄影机的普及，数字高清影像制作变得简单，越来越多的专业人士和非专业人士开始选用数字高清摄影机进行拍摄。数字高清摄影机操作简单，存储容量大，对于灯光的要求不像胶片摄影机那样苛刻，也不需要冲印胶片，即拍即看。现在很多剧组都会带上剪辑师和电脑，边拍边进行剪辑，这样一来可以缩短拍摄的周期，使得拍摄的成本大大降低。可以说数字高清摄影机的出现颠覆了传统影视作品制作的过程。图3-1、图3-2所示分别为ARRI ALEXA LF 摄影机和 RED 电影摄影机。

在本章中，我们会讨论胶片摄影机和数字高清摄影机的不同特性，以及如何选择最适合自己的摄影机。

图 3-1　ARRI ALEXA LF 摄影机

图 3-2　RED 电影摄影机

画框比

首先，我们来对胶片摄影机和数字高清摄影机的画框比进行比较。什么是画框比？画框比，顾名思义，就是画面的宽度和高度的比值。在电影发展的初期，使用的是4∶3的画框比。早期的CRT真空管电视机的屏幕尺寸都是4∶3的画框比。

电影院把屏幕的画框比定成了1.33∶1，1.33∶1成了电影院屏幕的标准尺寸。这样一来，1.33∶1也就成了8mm胶片、16mm胶片以及35mm胶片的标准。

一直到20世纪50年代，电影的从业者们为了使电影的画框比区别于电视的画框比，也为了使电影的画面能取得更加震撼的视觉效果，开始制定好几种宽银幕的尺寸。他们采取了遮幅的形式，也就是把原来35mm胶片的画框遮去上下的部分画面，于是就出现了美国用的1.85∶1和欧洲用的1.66∶1的画框比。潘纳维辛（Panavision）公司有一种特殊的变形镜头，可以把画框比调整为2.75∶1，部分电影导演会特别选择使用潘纳维辛的摄影机来拍摄他们的作品。比如，著名导演昆汀·塔伦蒂诺（Quentin Tarantino）的电影《八恶人》就是用潘纳维辛70mm胶片摄影机拍摄的，这部影片的画框比为2.75∶1。

数字高清摄影机拍摄完成的影像在数字高清电视上播出，它的画框比是16∶9，也就是接近于1.78∶1的尺寸，和宽银幕的尺寸差不多，在大多数数字高清摄影机上可以选择4∶3或16∶9两种画框比的拍摄模式。

画面规格

电影胶片的画面规格在很多年前就已经标准化了，然而数字高清影像的尺寸却一直在变化。这主要是因为数字高清影像的感光元件尺寸一直在变，还有记录视频信号的方法和格式也没有一个统一的标准。

3.2.1 胶片的规格

最开始的胶片尺寸是35mm，胶片两侧有齿孔，在拍摄的时候以每秒24格的速度运动。胶片的价格是相当昂贵的。后来为了满足部分业余电影摄制爱好者和学校教学使用的需求，柯达公司推出了16mm尺寸的胶片。其在20世纪30年代又推出了尺寸更小的8mm胶片，一直到20世纪六七十年代，经过技术的改造，把8mm、16mm两种尺寸胶片的齿孔缩小并改变了位置，发明出了超8mm胶片和超16mm胶片。这两种胶片的成像质量都高于标准的8mm胶片和16mm胶片，但价格比 35mm 的胶片要低不少，因此一时间成为业余电影摄制爱好者和学生的首选。各种尺寸胶片效果如图 3-3 所示。

3.2.2 数字影像格式

电子行业的巨头 SONY 公司在 1986 年发明了世界上第一台数字录影格式的摄像机。到了 20 世纪 90 年代，SONY 公司更是推出了 1/2 尺寸的 Digital Betacam 规格的数字摄像机。在当时，由于 SONY 的这款摄像机画面清晰度比模拟信号的摄像机高很多，因此很多影视从业人员都将 SONY 的数字摄像机作为创作的首选摄像机，各大电视台也开始使用 SONY 的数字摄像机进行拍摄。图 3-4 所示为 SONY HDCAM 数字高清摄像机。

到了 1995 年，日本的 SONY 和 PANASONIC（松下）公司分别推出了使用 DVCAM 和 DVCPRO 数字格式的录影带（图 3-5 所示为松下 DVCPRO 数字高清摄像机）。这两家公司的录影带不能通用，必须通过各自独立的放映机来播放和采集视频。在很长一段时间内，影像市场上的摄像机，尤其是电视媒体机构使用的摄像机，大都是由这两家公司出品的。

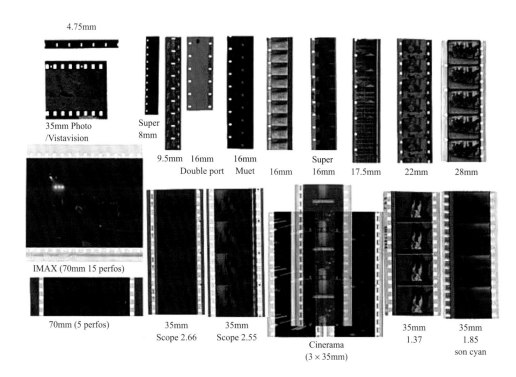

图 3-3　各种尺寸胶片的效果

图 3-4　SONY HDCAM 数字高清摄像机

图 3-5　松下 DVCPRO 数字高清摄像机

3.2.3　高清晰度影像格式

说到高清晰度影像格式，就不得不提到高清晰度电视机（HDTV），高清晰度电视机和标清的电视机相比有更多的扫描线，如 720、1080、1125、2160 线等。

高清晰度电视机有两种不同的扫描格式，即 1080i 和 1080p。从扫描的方式来说，1080i 是隔行扫描，也就是先扫奇数的场再扫偶数的场；1080p 是逐行扫描，也就是所有的扫描线都会在屏幕上出现。1080i 的扫描格式适合播放纪录片、新闻，1080p 的扫描格式适合播放运动类的视频画面。

3.3

技术参数

在我们了解数字高清影像的过程中，先要熟悉一些基本的技术参数，其中分辨率、压缩比、色彩空间和位元深度是最关键的四个技术参数。

3.3.1　分辨率

分辨率（resolution）是一个最直观的参数，它反映了图像的精细程度，像素（pixel）是分辨率的最小单位。分辨率的计算方式是

分辨率 = 水平分辨率 × 垂直分辨率

分辨率越高，意味着屏幕的清晰度越高，常见的分辨率（图 3-6）有以下几种：

传统录像带（VHS）的分辨率为 200×480；

数字 DV 带的分辨率为 720×576；

高清录制格式（16：9）模式的分辨率为 1920×1080；

4K 数字高清模式的分辨率为 3840×2160；

传统的 35mm 胶片摄影机的分辨率为 4000×3000；

8K 超高精细影像的分辨率为 7680×4320。

从以上的分辨率数据中我们不难发现，高清录制格式（16：9）的清晰度几乎是数字 DV 带的两倍，但是仅仅是传统的 35mm 胶片摄影机的分辨率的一半。只有 4K 数字高清模式的分辨率才接近胶片摄影机的分辨率。而 8K 超高精细影像，其数据量太庞大了，20min 的素材差不多需要占用 4T 的硬盘空间。8K 超高精细影像技术目前还没有开始普及，不过数字科技的发展日新月异，相信用不了多久 8K 甚至比 8K 分辨率更高的影像技术会很快走进我们的生活。

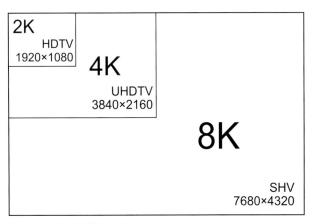

图 3-6　各种分辨率的尺寸

3.3.2　压缩比

有数字格式的存在就会有压缩，因为压缩数据会

使原本庞大的数据变得较小,这样才能方便网络的传输。无论是哪一种压缩都会有自己的编码和解码,压缩有很多途径,主要分为有损压缩和无损压缩。

有损压缩是通过损失部分画面来达到压缩的效果,其压缩的原理是寻找重复的像素来进行压缩,比如绿色的树林,肯定有部分像素是一样的,但是这部分的像素,它的色度会有很微小的区别。原本有 100 个色度,在压缩的时候可能就选择 70 个色度。用这种压缩方式压缩的画面还原出来以后,其颜色的清晰度和鲜艳度有一定程度的损失。

无损压缩则是完整地保留了原始素材上的所有信息,这些压缩的文件经过解压后可以还原到和原始素材一样的品质。无损压缩虽然可以最大限度保留素材的品质,但是这也意味着它难以做很大程度的压缩,即便是压缩文件也会占用较大的存储空间。

3.3.3 色彩空间

色彩空间也叫作色彩取样率。例如色彩取样率

为 4:2:0 就是指在每条扫描线上每 4 个连续的采样点取 4 个亮度 Y 样本,在奇数行扫描线上取 2 个红色差 Cr 样本和 2 个蓝色差 Cb 样本,偶数行不采样。也就是说,每采样 4 次亮度信息时,每个色彩通道被采样了 2 次。这是因为人的眼睛对亮度比对色彩更加敏感。

4:2:2 这种子采样格式是指在每条扫描线上每 4 个连续的采样点取 4 个亮度 Y 样本、2 个红色差 Cr 样本和 2 个蓝色差 Cb 样本,平均每个像素用 2 个样本表示。

4:1:1 这种子采样格式是指在每条扫描线上每 4 个连续的采样点取 4 个亮度 Y 样本、1 个红色差 Cr 样本和 1 个蓝色差 Cb 样本,平均每个像素用 1.5 个样本表示。

4:4:4 是全分辨率色彩取样,这会使得取样的文件变得很大。这种采样格式不是子采样格式,它是指在每条扫描线上每 4 个连续的采样点取 4 个亮度 Y 样本、4 个红色差 Cr 样本和 4 个蓝色差 Cb 样本,这就相当于每个像素用 3 个样本表示。

色彩取样率示意图如图 3-7 所示。

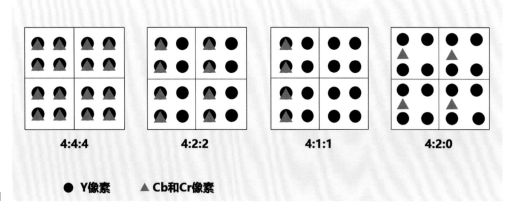

图 3-7　色彩取样率示意图

3.3.4 位元深度

取样信号的位元深度也会影响画面的质量,取样的比特数越高,呈现的画面质量越好。比特是数据的最小单位,一个 8 比特的黑白画面会有 256 个不同的灰度,但是如果是彩色图像,则三原色(红、绿、蓝)都有 256 比特,约有 1600 万的灰度。在数字电影中,12 比特位深和 14 比特位深都会被采用,以保证色彩的鲜艳。

摄影机的结构

胶片类摄影机的结构一般是机械式的，数字类摄影机是数字式的。两者的主要工作原理是一样的，都是由镜头收集现场反射的光线聚焦成像。所不同的是胶片类摄影机的成像装置是胶片，而数字摄影机的成像装置是感光元件，例如电荷耦合器感光元件（CCD）（图3-8），或者是互补金属氧化物半导体感光元件（CMOS）（图3-9）。

3.4.1 胶片摄影机

胶片摄影机的成像装置——胶片是被装在片芯或者片卷上，再被装进摄影机里的供片片轴上的（图3-10）。在安装胶片的过程中，防止胶片意外曝光是非常重要的。所以一般我们会在暗房里，或者是在专用的胶片安装袋中安装胶片。胶片在被

安装到摄影机里时需要经过许多的齿轮、转盘和探针，这些部件都是用来固定胶片的。

胶片摄影机的工作原理是通过安装在摄影机上的电池提供的电流驱动电动机，让胶片转动起来，每张胶片在镜头后面作非常短暂的停留，让光线通过镜头和快门叶片完成化学反应的曝光，每秒走动24格，对于人的眼睛来说每秒24格看起来就是连续的动作。

电影摄影机的快门，专业上被称为"叶子板"，也就是摄影机用于取景的反光板。叶子板是一块带有开口角度的圆形镜片，拍摄时它会配合摄影机抓片爪和定片针的运动高速旋转。当抓片爪把胶片抓过来时叶子板正好挡住片门，把光线反射到取景目镜，摄影师就可以看到镜头外面的景物；当定片针把胶片固定在片门处时，叶子板的开角正好掠过片门，光线通过叶子板的开角投射到胶

图3-8 电荷耦合器感光元件（CCD）

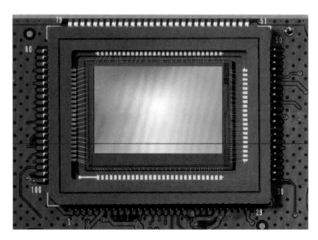

图3-9 互补金属氧化物半导体感光元件（CMOS）

片上，胶片进行曝光。胶片摄影机快门叶片工作原理见图 3-11。

快门通常是半圆形的，开启时的角度即是 180°，快门速度与曝光是由通过镜头的光线强度和底片感光的时间所决定的。如果拍电影时，叶片开角很小，那 24 张胶片拍出来都是清晰的瞬间，连起来播放的时候就是一种一跳一跳的，定格动画的感觉。在 180° 的快门叶片开角下，每秒拍摄 24 张胶片，物体的运动会更加符合人们的视觉习惯，画面看起来更自然流畅。所以在胶片摄影中，快门角度一般会固定在 180°。

3.4.2 数字高清摄影机

数字高清摄影机的工作原理是光线通过镜头进入数字摄影机的感光元件，然后转化为电信号被记录在存储卡上。感光元件是一种电晶体装置，当影像聚焦到感光元件上时，上面的每个光感应小点都会产生带有色彩和亮度信号的电流。

色彩信号包含两个要素，即色相和饱和度。色相指的是颜色特有的色调，例如棕色、红色、蓝色、绿色等；饱和度就是这个色彩的纯度，例如高饱和度的深绿色、低饱和度的浅绿色。

图 3-10 胶片摄影机内部胶片卷

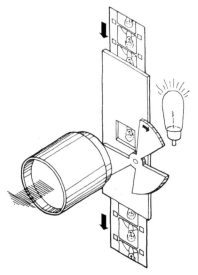

图 3-11 胶片摄影机工作原理示意图

3.5

时间码的重要性

时间码（time code）是一种数字标记系统，是为数字影像的每一帧画格提供标志的数字。大部分的数字摄影机都会在拍摄的视频素材上记录一个时间码，对于每一帧画格均标注有独立的位址数字。例如 01:05:16:08 的时间码标记，就代表 1 小时 5 分 16 秒 8 帧。摄影机时间码如图 3-12 所示。

在拍摄的时候时间码会由专门的场记进行记录，在后期剪辑的时候，剪辑师就可以通过这些记录的时间码来找到需要的素材。我们经常在电影拍摄的现场看到每个镜头开拍前都会有工作人员手持拍板（slate），拍板（图3-13）上除了写有影片的名字、导演、摄影师、录制的场景镜号以外，还会写上时间码。如果现场是两台以上的摄影机同时拍摄，那么会给这些摄影机都设置相同的时间码，在之后进行后期剪辑的时候就很容易使多台摄影机的素材同步，剪辑师也就不再需要去单独找每一个镜头。

图 3-12　摄影机时间码

图 3-13　手持拍板

3.6

监看回播设备

在影片拍摄的时候现场监看回播是十分重要的环节。在摄影机上一般都会有接目镜（图3-14），也叫寻像器，来帮助摄影师进行取景构图。摄影师可以把眼睛贴在接目镜上观察画面构图，每个摄影师的眼睛都不一样，有正常的，有近视的，也有远视的，所以接目镜上会有一个屈光镜，可以根据每个人不同的屈光度进行适当的调节，使接目镜中的画面变得清晰。

导演在现场也需要对摄影师拍摄的画面进行确认，这时就需要一个监视器。从摄影机上接一根视频线到监视器上即可对拍摄画面进行确认。通常监视器都是 LED 的，画面的精细度、分辨率都比较高，颜色偏差也都很小，小型 LED 监视器如图 3-15 所示。监视器不仅会显示拍摄的画面，还会显示摄影机的一部分数据，例如色温、感光度、拍摄的格式、时间码、快门角度、电池的可用时间等。回看先前录制的画面后，由导演来决定画面是通过还是需要重拍。

现在大部分摄制现场使用的监视器都是无线传输的，摒弃了传统的需要依靠视频线连接摄影机来观看监视器的方式（图 3-16）。无线信号传输的技术使得监视器的使用更为灵活。

图 3-14　摄影机接目镜

图 3-15　小型 LED 监视器

图 3-16　电影拍摄现场导演看监视器

3.7

摄像机的基本功能操作

无论是胶片摄影机还是数字高清摄影机，不同型号摄影机的操作总会有不同的地方。在使用一台新型的摄影机之前，我们先要熟读使用说明书，因为即使是一个微小的差错，也有可能会影响拍摄的质量。

3.7.1　电力伺服系统

　　胶片摄影机和数字高清摄影机都有一套独立的电力伺服系统，主要的供电源是安装在摄影机上的干电池。这类电池是可重复使用的锂电池（图3-17）。在拍摄现场会为每一台摄影机配若干块电池和便携式充电器，以满足连续不断拍摄工作的需要。在摄影机上除了有电源开关之外还有待机开关（standby），这是为了让摄影机的电子系统保持预热的状态，以便随时开机拍摄，而且会省很多电。

　　摄影机使用的充电电池需要正确的操作和精心的保养，以延长使用寿命。在使用电池的时候要避免不正确的操作，也要避免电池长时间使用衍生出来的"记忆效应"。

　　总之，摄影机的电池是决定摄影机工作时间的最重要的部件，正确使用每一块电池，让电池的使用寿命长久，能使拍摄工作变得顺利。

3.7.2　录制控制系统

　　无论是胶片摄影机还是数字高清摄影机，都是按照一名摄影师便可控制的原则来设计的，摄影机上设置有几个录制启动的按钮，便于摄影师在摄影机边上的任何位置都可以单手触控。

　　胶片摄影机只有录影和停止的控制功能，数字高清摄影机的控制功能就比较多了，如录影、回放、暂停、快进、快倒等。数字高清摄影机上还会有一些专业的指标显示，例如音量、音轨、电池电量、时间码、拍摄格式、滤镜使用等标识。

3.7.3　菜单的设置

　　数字高清摄影机上的菜单多种多样，每一个品牌都有一套自己独立的菜单显示和调节的方式。数字高清摄影机可以设置拍摄的格式、选择画框比

图 3-17　电影摄影机大容量电池

（16∶9或者4∶3）、选择扫描的类型（隔行扫描或逐行扫描）、选择帧速率（24fps、30fps、60fps、120fps……）。

对于音频部分的调节，数字高清摄影机还有预设功能，它可以把一些设置预先保存在摄影机中，另外还有快捷键设置，这使得在拍摄的时候操作起来更加方便。一个摄影师对拍摄机器的菜单一定要熟悉，要多看使用说明书，多摸索操作的方式。

3.7.4 感光度、色温的选择

胶片摄影机和数字高清摄影机都有对感光度（ISO）的选择，不同的是胶片摄影机的感光度是使用胶片的感光度，例如柯达的胶片感光度为50~800不等。

数字高清摄影机的感光度的表示则有所不同。有一部分数字高清摄影机是用 ISO 来表示感光度的；但是另一部分数字高清摄影机，尤其是电影级的数字高清摄影机几乎都是用另一种方式来表示的，例如在 ARRI 这样的电影摄影机里其称为感光值（EI）。值得一提的是，电影摄影机的 EI 值的原生感光度都设定在 800，而且 800 的原生感光度是向上向下均衡动态范围内的最优值。数字高清摄影机的感光度 EI 参数设置如图 3-18 所示。一块感光元件在制造的时候它的感光度是固定的，所谓的改变 EI 值，无非就是改变原始数据乘的那个系数。在改变 EI 值的同时，就会进行系数的计算，一般来说，计算肯定是会有数据误差的，所以用 EI800 的原生感光度是使画面效果最好的选择。

对于数字高清摄影机来说，选择 EI800 作为原生感光度是因为摄影师都希望能够用比较高的感光度来捕捉更加细腻的光线效果，而 EI800 的原生感光度是目前的数字技术能保证画面具有最佳效果的最好选择。不同感光指数下维度图形的比较如图 3-19 所示。

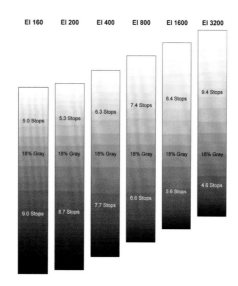

图 3-19　不同感光指数下维度图形的比较

色温（color temperature）是数字高清摄影机里面另外一个相当重要的参数。色温又被称为白平衡（white balance），白平衡菜单如图 3-20 所示。人的眼睛看到的光线是由七种色光的光谱叠加而成的，有些光线偏蓝，有些光线偏红，色温就是用来度量和计算光线颜色成分的。数字高清摄影机都带有自动白平衡的测定功能，但是如果需要精确地计算出当前拍摄环境的色温的话，还是需要手动设定白平衡。

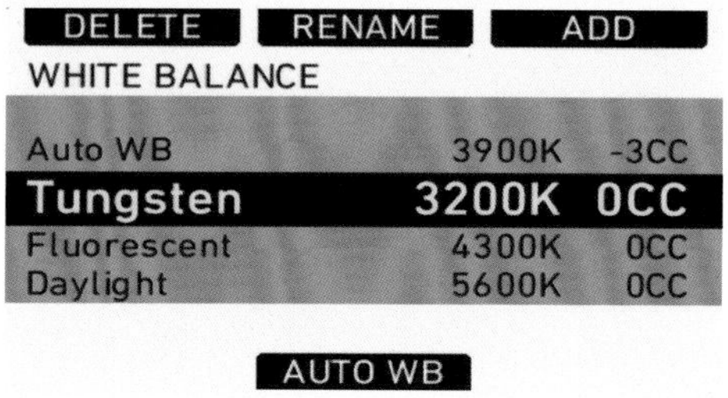

图 3-18　数字高清摄影机的感光度 EI 参数设置

图 3-20　数字高清摄影机的白平衡菜单

镜头

摄影机上最重要的设备莫过于镜头了,一支成像质量优异的镜头价格不菲,甚至比摄影机机身的价格都要高上数倍。镜头的好坏直接决定了拍摄画质的高低。在现代高清晰度的屏幕越来越注重细节的情况下,用优质的镜头进行拍摄显得尤为重要。

镜头收集被拍摄物体上的反射光,然后将其聚焦到胶片或感光元件上。镜头内部是由多组带有弧度的镜片组成的,有凸透镜、凹透镜、平凸透镜、平凹透镜等。所以一支镜头会比较重,装在摄影机上后,整套设备的质量可以达到几十斤甚至上百斤,这对摄影师的体力是一个考验。图3-21所示为数字高清摄影机的配套镜头。

摄影机的镜头主要分为变焦镜头和定焦镜头,它们各自有自己的拍摄优势,一个摄制组往往会准备多套镜头供摄影师挑选使用。

图3-21 数字高清摄影机的配套镜头

3.8.1 焦距

在大部分数字高清摄影机上搭配最多的是变焦镜头(图3-22)。变焦镜头能够在不改变摄影机位置的同时拍摄全景、中景、近景、特写等不同景别的画面,其景别变化能适应各种场合的拍摄,所以很多摄影师都喜欢使用变焦镜头,尤其是电视媒体机构的摄影师。一部分变焦镜头用其带有的电子伺服电动机进行变焦,可以控制变焦的速度,这样的变焦镜头在变焦的时候要比手动变焦更加平稳。

变焦镜头的最长焦距和最短焦距之比为变焦比值,其决定了变焦镜头的变焦范围。比如有的镜头的变焦比值是5∶1,而有的则是10∶1。也就是说,如果这个5∶1的变焦镜头最短焦距是10mm,那它的最长焦距就是50mm。如果是10∶1的变焦镜头,其最短焦距是10mm,那它的最长焦距就是100mm。由此可见,变焦比值越大,变焦的范围也越大。

虽然变焦镜头使用起来十分方便,但是如果想要获得最佳的画面质量,变焦镜头就不是最好的选择了,原因有以下几点:首先,为了达到变焦的效果,变焦镜头内部会安装很多镜片组,镜片组越多,对射进镜头的光线的需求越大;其次,变焦镜头在不同焦段的成像质量会有差异;最后,变焦镜头无法在所有的焦距范围内保持最佳的画面品质。

相较于变焦镜头,定焦镜头(图3-23)则是拍摄高品质影视作品时选用最多的镜头。定焦镜头的焦段是固定的,它的焦段无法改变,如果你想改

图 3-22 数字高清摄影机上安装的变焦镜头

图 3-23 数字高清摄影机上安装的定焦镜头

变拍摄的视角，就只能靠移动摄影机来达成。但是定焦镜头相较于变焦镜头能够拍摄出更高质感的画面，对光线的要求也比变焦镜头低。总的来说，在各方面的品质表现上，定焦镜头略胜一筹。关于选择什么样的镜头来完成作品，在后面的章节会详细介绍。

3.8.2 跟焦

所有镜头上都有一个调焦环（focus），调焦环上会标有刻度（图 3-24）。如果焦点准确的话，拍摄的物体看起来就会很清晰；但是如果失焦，拍摄的物体就会变得模糊不清。

图 3-24 电影摄影机镜头上的调焦部分

无论是早期的胶片摄影机还是现代的数字高清摄影机上都有一个类似"φ"的标志。这个标志代表的是胶片的平面或者感光元件的受光面。很多摄影师喜欢带一卷皮尺，用来测量拍摄物体到胶片平面或者感光元件受光面的距离，这样能保证拍摄物体的焦点能被准确地记录下来。

现在很多的数字高清摄影机上都会有自动对焦的功能，其会自动判断摄影机和被摄对象的距离，经过计算后快速调整焦距。这样的功能是很好用，不过有的时候也会带来负面的效果，例如摄影师想拍摄的是前面的一个人，但是往往会自动对焦在后面一个人或者物体上。所以有经验的摄影师会经常关闭自动对焦的功能，依靠手动对焦来进行拍摄。另外，如果需要拍摄前后景变焦效果的画面，就一定需要手动对焦来进行操作了。

在一些数字高清摄影机的变焦镜头上还需要调整前焦点和后焦点。在一台新的摄影机装上一枚全新的变焦镜头后，首先就是要调整镜头的后焦点，因为如果后焦点不准的话，无论拍摄什么画面都只会得到虚糊的效果。调整后焦点需要用一张专用的测试图表进行。调节完后焦点后，再用前焦点来进行测试，先把变焦镜头推到最远处，也就是将被拍摄物放到最大，对好焦点，再把焦距逐渐拉开直到最短的焦距。如果在这个过程中所有的焦距得到的画面都是清晰的，说明后焦点已经对好了，这台摄影机可以正常使用。在摄影机使用了一段时间后，需要再次对后焦点进行调整，以防使用的过程中不小心触碰偏移了后焦的位置，使拍摄的画面虚焦。

在用摄影机拍摄的时候，由于使用的镜头会比较长，质量也会比较大，因此会有一个跟焦员携带跟焦器配合摄影师来进行拍摄。现在的跟焦器都是无线跟焦器（图 3-25），跟焦员不需要站在摄影师身旁，可以通过手中的无线跟焦器和监视器来配合摄影师的拍摄，这样可以减少站得离摄影师过近带来的影响。

3.8.3 光圈

光圈是镜头上另一个非常重要的调整部件，它决定了进入镜头的光线量，也是决定曝光的一个重要的因素。在镜头上通过调整光阑来控制光圈的大小，我们称表征光圈大小的数值为光圈系数 F 值（F-stop）。光圈系数是一组特别的数字，例如 1.2、1.4、2、2.8、4、5.6、8、11、16、22 等。这些系数代表了光圈的大小，光圈的系数越小，光圈越大。每一枚镜头都会刻上最大光圈值和最小光圈值。一般来说，最大光圈的系数越小，这枚镜头的价格越贵。

最高端的电影级镜头的光圈（图 3-26）采用的是另外一种表示方法，我们把它称为 T 值（transmission），也叫作曝光级数。T 值比 F 值更为精确，T 值是真正传送的光亮度，也就是考虑了光线损失之后实际进入镜头的光线亮度。举例来说，一个 F1.4 的光圈，把光线的反光损失等因素加进去之后，实际能够进入镜头的光线只相当于 F1.7 的光圈。如果电影级的镜头是一个 T1.7 的光圈，那它的实际应用光圈可能就相当于 F1.4 的光圈。所以对于镜头的光圈来说，T 值要比 F 值更为精准，以 T 值为光圈数值的电影级镜头要比普通镜头的价格昂贵很多。

值得一提的是，以 F 值为光圈数值的镜头在调整光圈参数的时候会有局限性，比如 F2.1 和 F2.2 之间是无法设定的。但是以 T 值为光圈数值的电影级镜头可以在 T2.1 和 T2.2 之间调节，因为它是无级的。

图 3-25　无线跟焦器

图 3-26　电影级镜头的光圈刻度

3.8.4　景深

景深（depth of field）是指摄影机拍摄的主体对象前后清晰的范围距离。景深会因为镜头的焦距、光圈、摄影机和被拍摄主体之间距离的变化而有所改变。

镜头的光圈开得越大，焦距越长，得到的景深越浅；反之则会得到较深的景深。总的来说，摄影机越靠近被摄物体，得到的景深就越浅。

一般我们总说光圈影响景深，其实仅仅调节光圈是不够的，准确地说，应该是光圈和焦距共同影响景深。例如用一个广角镜头拍摄，哪怕光圈开到最大，也不会得到一个浅的景深。只有在长焦拍摄的情况下，光圈开得越大，对景深的影响才越明显。

3.9

摄影机支撑设备

为了在拍摄的时候得到更为稳定的画面，人们在摄影机支撑设备上动足了脑筋。在没有支撑设备的时候，摄影师会将自己的肩膀作为支撑点，在

摄影机上安装一个肩托，然后把摄影机架在肩膀上进行拍摄，久而久之对摄影师的身体会造成一定的伤害，而且拍摄画面的稳定效果并不理想。于

是各种各样的摄影机支撑设备陆陆续续被发明了出来。

3.9.1 三脚架

三脚架（tripod）是最常用的摄影机支撑设备，其三个脚撑开可以形成一个支点，摄影机通过云台和快装板安装在上面，云台和快装板能够起到固定的作用。无论是电视媒体机构还是电影和电视剧的拍摄剧组，三脚架都是用得最多的摄影机支撑设备。

三脚架的三个脚可以伸缩，使得摄影机在拍摄的过程中可以选择不同的高度。当然还有一些特殊的三脚架，例如矮脚三脚架，这种三脚架适合在低机位仰拍的情况下使用。液压云台是三脚架上一个重要的部件，它可以使摄像机平稳、流畅地上下左右转动，能使摄影师对画面的构图进行准确的定位，以及拍摄"摇、移"等运动镜头。

三脚架上都会有一个测量水平的装置，通常是一个透明的圆孔，里面会有滚动的珠子。调节云台，珠子滚动到和中央的标志物重叠的时候，说明云台水平调整完成，这样摄影机拍出来的画面就是水平的。一旦水平没有调节好，所拍摄的画面就会是倾斜的。当然，根据一些拍摄的需要，打破水平，拍摄倾斜的画面也是有可能的。

三脚架的种类有很多，不同种类适用于不同场合的拍摄。轻便型的三脚架适合外景拍摄，其优点是比较轻、携带方便；缺点是稳定性不够，如果摄影机较为沉重，或者拍摄的地形不太好则容易产生晃动。带滑轮的三脚架比较适合在演播室等地面平整的空间里使用，通过滑轮可以很方便地改变拍摄的位置，还能拍摄移动的画面。其缺点是容易被连接在摄影机上的连接线缠绕，造成运行受阻。所以在使用滑轮三脚架的时候，最好配一个摄影助理，帮助理清连接线。在电影和电视剧剧组里使用的三脚架通常是重型三脚架（图3-27），它十分重，一

图 3-27　重型三脚架

个摄影师无法移动它，需要一到两个摄影助理帮忙移动。尤其是一些大型的重型三脚架，往往需要把三脚架和云台拆开再进行移动。但是这类三脚架在拍摄的时候非常稳定，其云台上的阻尼也能提供十分顺滑的效果，而且能满足所有电影级摄影机对稳定性的要求。

3.9.2 手持稳定器

在很多影视剧拍摄中，导演会要求拍摄一些比较特殊的镜头，例如跟踪一个人，从大街上走到屋子里的镜头。虽然现在数字高清摄影机都会有类似镜头防抖、机身防抖等功能，但是效果并不是特别理想，而且这种数字式的防抖功能是通过数字化地放大部分影像实现的，会降低画面的像素，从而导致画面的质量严重下降。显然，这无法满足对数字高清画面的细节特别在意的导演们的要求。

针对这类要求，人们发明了一种手持稳定器（图 3-28）用来帮助摄影机在运动的同时保持稳定。手持稳定器的种类有很多，可以根据摄影机的形状、质量和尺寸来选择相匹配的手持稳定器。

图 3-28　手持稳定器

斯坦尼康（steadicam）是最常用的稳定器（图 3-29），在影视节目的现场直播中我们经常可以看到摄影师穿着特制的背带，上面悬挂机械手臂，在机械手臂上放置摄影机。使用这种稳定器，摄影师可以长距离地跟随被拍摄的移动对象移动。用斯坦尼康拍摄出来的运动画面相当稳定，几乎很难看出画面的抖动。在电影拍摄的现场也经常会用到斯坦尼康来拍摄长距离运动的稳定画面，而这些操作斯坦尼康的摄影师则需要有较好的体力，也需要经过长时间的专业训练。

除了斯坦尼康稳定器之外，还有吊杆稳定器（图 3-30），其是基于动量守恒的原理来工作的。吊杆稳定器可以悬挂中小型的摄影机，单人就可以操作，而且体积相对较小，安装也比较简单。目前很多影视剧和电视广告片（TVC）的拍摄中经常会用到吊杆稳定器。

3.9.3　轮组和升降设备

轮组设备（图 3-31）是专业的影视剧组里不可或缺的重要辅助器材，是大小不一的有轮推车，其

图 3-29　斯坦尼康稳定器

图 3-30　吊杆稳定器

轮子通常都是气压轮子，可以安装在轨道上，通过机械控制或者人工推动。摄影机可以通过脚架安装在轮组上，当轮组运动时摄影师可以坐在轮组上跟随轮组一起运动，并且操作摄影机进行拍摄，这样可以得到非常稳定的运动画面。

升降设备是一种大型的摄影机辅助运动器材，可以把摄影机从极低的位置移动到很高的位置进行拍摄。升降设备也被称作"大型摇臂"（图 3-32），其通俗的叫法为"大炮"。

大型摇臂的安装比较复杂，通常需要几个熟

图 3-31　摄影机轮组设备

图 3-32　大型摇臂

练的技师一起安装。前端安装摄影机，后端安装操控手柄，再用铁饼之类的重物进行配重，使得摇臂前后平衡。摇臂的操作师通过安装在后端的监视器，用操控手柄来控制摄影机的运动并拍摄画面。

还有一种可以伸缩的大型摇臂，主要用于电影的拍摄。在伸缩摇臂（图 3-33）的前端有一个小型的平台，摄影机和摄影师都在这个平台上。通过操控后台电子系统，可以使平台进行大范围移动，摄影师可以在摇臂运动的同时进行拍摄。

图 3-33　伸缩摇臂

3.10

器材的维护

在影视制作的剧组里，对器材的维护是非常重要的，需要安排专人对器材进行保管和维护。有效地维护器材，能够延长器材的使用寿命，保证剧组能够正常地进行拍摄工作。

器材的维护要做到每次使用前对所有器材进行细心的检查，保证器材能够正常使用。所有的配件不得遗漏，一旦遗漏，极有可能会造成整个剧组无法开展工作。

在使用器材的时候不要用蛮力，比如三脚架上的螺丝，如果用硬力转动螺丝很容易造成螺纹磨损打滑。对于镜头的转接部分，在安装的时候不要使劲去扭动，不然时间长了会造成卡口的松动，影响使用。

对于镜头尤其要精心维护，镜头的表面都会有一层镀膜，镀膜是非常娇贵的，在清洁镜头表面的时候要先用吹球吹走表面的灰尘，再滴上镜头专用清洁液，用专用的无摩擦镜头纸以绕圈的方式在镜头表面轻轻擦拭。镜头和摄影机都是精密的部件，都要注意防止潮湿和积灰。在不使用的时候要把镜头和摄影机放在电子干燥箱（图 3-34）内保存。电子干燥箱具有恒温和保持内部空气干燥的功能，能很好地保护镜头和摄影机。

在运输的过程中也需要注意对器材的保护。三脚架需要收拢固定好三个脚，放进坚固的圆筒箱内保存。摄影机和镜头也需要放进特制的金属箱保存，在金属箱内还需要准备好避震的软垫，保证各个部件在运输的时候不会相互碰撞。如果条件允许，可以专门为贵重的设备购买运输险。

图 3-34 电子干燥箱

练习题

一、简述画面规格和分辨率之间的区别。

二、描述数字高清摄影机菜单的设置方法。

4 数字高清影像拍摄方法

本章将着重讲解数字高清影像的拍摄方法，以及在配合后期剪辑和视觉效果的同时，导演和摄影师如何把控现场。在影视剧的制作过程中，有很多场景需要从多个机位来进行拍摄，对于多机位的选择要精心策划。

4.1

镜头的选择

在前面的章节中，我们介绍了镜头的种类（主要有定焦镜头和变焦镜头之分），以及它们各自的优缺点。在实际的拍摄过程中这些镜头都会被用到。什么样的场景适合用什么样的镜头？这是一个非常专业的问题。有经验的摄影师会根据现场的光线、演员走位、服装、妆容、布景设计、对白等元素选择最合适的镜头来完成拍摄。

4.1.1　定焦镜头

在前面的章节中，我们提到定焦镜头是成像质量最高的镜头。针对数字高清影像的拍摄，ARRI公司有两款最常用的定焦镜头深受摄影师们的喜爱。一款为 Master-Prime（简称 MP 镜头）。这组定焦镜头的焦段共 16 种，即 12mm、14mm、16mm、18mm、21mm、25mm、27mm、32mm、35mm、40mm、50mm、65mm、75mm、100mm、135mm、150mm，如图 4-1 所示。这些镜头采用了最新的尖端镜头设计和制造工艺，几乎能适用于所有的拍摄场景，使以往被认为是无法实现的拍摄效果变为可能。其中焦段为 18mm、25mm、35mm、50mm、75mm 的 5 支镜头被称作基本组，基本组可以满足大多数场景的拍摄需要。

图 4-1　电影定焦镜头组

另一款为 Ultra-Prime（简称 UP 镜头）。这组镜头拥有定焦镜头中最广的应用范围。其焦段包括 8R、12mm、14mm、16mm、20mm、24mm、28mm、32mm、40mm、50mm、65mm、85mm、100mm、135mm、180mm 等，其中焦段为 16mm、24mm、32mm、50mm、85mm 的 5 支镜头是 UP 镜头里的基本组。

UP 镜头相较于 MP 镜头是轻量级的标准高速镜头，虽然在镜头的表现力上其和 MP 镜头有一点差距，但是因实惠的价格、良好的畸变和呼吸控制、优良的近处对焦能力，其也受到了很多摄影师的青睐。

为什么摄影师在电影拍摄中会尽量选用定焦镜头？这是因为电影中的画面运动，大部分都是通过轨道、摇臂等移动设备使摄影机发生位置的变化而实现的，并不依靠镜头的推拉。摄影机镜头就相当于人的眼睛，人的眼睛可不会变换焦距。所以从拍摄角度来说，定焦镜头拍摄的画面更符合人本身的视觉感受。

4.1.2　变焦镜头

变焦镜头也是我们在影视制作中常用的镜头，例如在众多影视剧和 TVC 中被摄影师选用最多的镜头——大名鼎鼎的 Angenieux（安琴）变焦镜头。Angenieux 的变焦镜头有很多，主要包括 28mm–340mm、24mm–290mm、19.5mm–94mm、25mm–250mm、45mm–120mm、15mm–40mm、28mm–76mm、16mm–40mm、30mm–76mm、30mm–72mm A2S、56mm–152mm A2S、44mm–440mm A2S 等不同焦段的变焦镜头。Angenieux 的变焦镜头对画面有相当高的解析力，镜头的呼吸效应和失真也做得相当低，因此在一些大电影的拍摄中，Angenieux 的变焦镜头受到摄影师们的青睐。电影变焦镜头如图 4-2 所示。

利用变焦镜头拍摄能够提高工作效率，避免频繁更换镜头带来的时间上的浪费。在拍摄电影时，变焦镜头有其特别的镜头语言，最著名的莫过于希区柯克在 1958 年拍摄的经典影片《迷魂记》。电影

图 4-2　电影变焦镜头

中有一段楼梯的场景就用到了这样一个特殊的拍摄技巧：将摄影机架在轨道上面向前推的同时将变焦镜头往后拉出，从而制造出被拍摄的主体与背景之间的距离改变，而主体本身大小不会改变的视觉效果，营造出一种压迫和扭曲的恐怖氛围。后来人们给这样的拍摄技巧起了个名字，叫作"滑动变焦"。

很多导演在他们的影片里都用变焦镜头来模仿希区柯克的拍摄手段，例如斯皮尔伯格的电影《大白鲨》，马丁·斯科塞斯的电影《愤怒的公牛》《好家伙》等。

4.2
摄影机的拍摄角度

我们通常把摄影机的拍摄角度分为两大类，一类是垂直变化的拍摄角度，另一类是水平变化的拍摄角度。

4.2.1 垂直变化的拍摄角度

垂直变化的拍摄角度主要有三种：平角、仰角和俯角。这三种垂直变化的拍摄角度在影视作品中各有自己的镜头语言。

（1）平角。平角是影视作品拍摄中用得最多的角度。在一部影片里绝大部分镜头都是平角拍摄的画面（图4-3），这是因为平角拍摄的画面最符合人的眼睛观看的习惯。但是平角拍摄不等于在和人的眼睛一样的高度进行拍摄。因为在和人的眼睛一样的高度拍摄出来的画面会给人一种俯视的感觉，所以在实际拍摄中平角拍摄的高度一般是在被摄人物的胸部。

（2）仰角。仰角拍摄又称仰拍镜头（图4-4），仰拍的画面会增加拍摄对象的支配力，如果是拍摄人物，会让人感觉这个人形象高大，具有威慑力。一般来说，仰拍的镜头常常用来表现英雄人物，但是也会用在表现有邪恶力量的人物上。

（3）俯角。俯角拍摄又称俯拍镜头，俯拍的人物会给人一种缩小和弱化的视觉效果。经常可以看到用俯角拍摄来显示反面人物的可恶、渺小以及卑劣的一面（图4-5）。

在拍摄景物的时候，俯拍会呈现出一种地大宽

图4-3　平角拍摄视角（出自学生影视作品）

图4-4　仰拍镜头突出人物的凶狠表情（出自学生影视作品）

广的视觉效果，用来表现规模浩大的场景（图4-6）。在战争影片里，经常可以看到用俯拍画面来展现宏大的战争场面。

4.2.2　水平变化的拍摄角度

水平变化的拍摄角度是指摄影机水平围绕被摄物体在360°内选择的拍摄角度。水平变化的拍摄角度比较多，比如正面拍摄、侧面拍摄、斜侧拍摄、背面拍摄等。

（1）正面拍摄。正面拍摄是指正对着被摄对象进行拍摄，摄影机和被摄物体垂直。正面拍摄的画面显得庄重、正规，在拍摄重要人物的时候最常用的就是正面拍摄（图4-7）。在拍摄建筑的时候，为了展现建筑的全貌，也常用正面拍摄。

（2）侧面拍摄。侧面拍摄是指在被摄对象的侧面进行拍摄。在人物拍摄中选择侧面拍摄能够凸显人物外貌轮廓（图4-8），侧面拍摄的人物显得活泼、自然，人物的表现形式多样化。侧面拍摄是一部影片里用得最多的拍摄角度。

（3）斜侧拍摄。斜侧拍摄是指环绕在被摄对象周围，在偏离正面、侧面的位置进行拍摄。斜侧拍摄能够表现被摄对象正面或者侧面的形象特征，画面形象生动。还可以进行倾斜角度的构图，这种构图可以使人产生一种迷惑和不稳定的感觉。通常这样的构图手法可以用在醉酒、奔跑中的主观视角镜头中（图4-9）。倾斜的角度并不是意味着拍摄的东西都是东倒西歪的，要结合实际的剧本内容来进行构思。

（4）背面拍摄。背面拍摄是指从被摄对象的后面进行拍摄（图4-10）。这种拍摄的角度可以使被

图4-5　俯拍给人一种阴险的感觉（出自学生影视作品）

图4-6　俯拍大场景（出自学生影视作品）

图4-7　正面镜头（出自学生影视作品）

图 4-8　侧面拍摄画面凸显人物外貌轮廓（出自学生影视作品）

图 4-9　斜侧方向拍摄人物奔跑镜头（出自学生影视作品）

图 4-10　背面拍摄使人物显得神秘（出自学生影视作品）

摄对象显得神秘、含蓄。

　　拍摄角度在影视拍摄中非常重要，每一个被摄对象，无论是人物还是景物，都有许多不同的面，无论我们选择从何种角度去进行拍摄都代表了一种视角、一种镜头语言。

4.3

如何拍摄固定镜头

　　在一部影片中，固定镜头占了很大比例，无论是传统的电影拍摄还是现代的电影拍摄，用固定镜头来进行拍摄均为画面取景构图的基础，这也符合人的视觉习惯。在确定一个固定镜头构图的同时，要综合考虑画面的平衡、取景深度、不同平面的相互关系，还有在画框外面的空间要素。

4.3.1　操控场面调度

用摄影机进行分段拍摄来讲述事件的时候，操控场面调度对于引导观众的视线有着非常重要的影响。人一般是从左向右看的，所以在构图的时候，左侧的画面要比右侧的画面更加吸引人。为了平衡这个倾向，通常在设置画面的时候，右边的物体或者人物都要比左边的略微大一点，这样可以让右边的画面多吸引一点观众的注意力，以达到画面平衡的效果（图4-11）。

在固定画面的构图中，选择摄影机的摆放位置和设置人物所占画面比例大小并不是唯一可以取得平衡效果的办法，被摄物体的亮度和色彩同样也能转移观众的注意力。例如，在电影《海上钢琴师》里男主人公1900在和别人斗琴取得胜利后，被人们高高举起，一身白衣的他显得格外耀眼，吸引了观众的注意力。在电影《辛德勒的名单》里，一个身穿红色外套的小女孩随着人群走过，在整部都是黑白色调的影片里，这抹突兀的红色让人印象深刻。

在构图的时候，还需要注意线条对观众的影响。横线条的构图让人有动态感，很舒服；竖线条的构图让人感觉有力量。例如，我们在电影《英雄》里可以看到很多战争的场面，士兵手持长矛的画面都是竖线条构图，使人感觉士兵战斗力强。

在固定画面里，演员往往是需要通过走位来完成拍摄的。需要注意的是，在画面里，靠近摄影机的人物比远离摄影机的人物更能吸引人的注意力，走动的人物比静止的人物更能吸引人的注意力，正面对着镜头的人物比侧面或者背面对着镜头的人物更能吸引人的注意力。所以导演在安排演员走位的时候，也要考虑观众的注意力习惯，还要考虑想对观众表达什么。

4.3.2　画面平衡

在电影的画面里非平衡的画面远比平衡画面来得多，这是因为非平衡画面会显得生动活泼且更有趣味性。当所有的景物、人物在画面中处于平衡状态的时候，画面的上下左右的重量相对均衡，会给人古板的感觉，缺乏深度。电影《大红灯笼高高挂》里运用了大量的对称式构图，画面平衡效果非常突出，给观众一种陈旧、封闭的视觉感受，暗喻了陈家大院里封建礼教的禁锢。

非平衡的构图是影片用得最多的构图，例如，电影《搏击俱乐部》里的男主人公杰克在办公室，他的顶头上司走过来和他说话的时候就用了非平衡的构图。上司在高处对着低处的杰克交代工作，让观众产生一种杰克被上司责备、压抑的感觉。

至于什么样的场景用平衡构图，什么样的场景

如何拍摄固定镜头

图4-11　画面右边的人物比左边的显得大一点，吸引观众的注意力，达到画面平衡的效果（出自学生影视作品）

用非平衡构图，主要还是取决于导演对影片格调的掌控，剧情的延展、镜头之间的衔接都会影响构图的效果。

4.3.3 画面的纵深空间

在固定镜头中，除了画面的构图外，纵深度也是非常重要的影响视觉效果的因素。在画面中，有前景、中景和背景的安排就会给观众带来纵深感。如果拍摄人物是前景，在人物的背后是大面积的墙壁之类的景物，就会显得画面很平，没有纵深感。如果在人和背景之间有其他的物体作为参考，例如树木、影子等，就会使人物和背景之间产生距离感，也就是纵深感。

营造纵深空间的方法有很多。例如画面内物体大小的变化，透视效果强烈的建筑、道路，不同的颜色和明暗强烈对比等都会营造出不同的纵深空间。

4.3.4 画框内外的联想

在进行构图时，画框有时会限制观众看到的画面。正是这种限制才使电影区别于其他的艺术表现形式，因为画框外的事物会让观众产生联想。舞台剧、歌剧、戏曲之类的表演形式，只要演员一下台，观众的注意力就不会再集中在下台的演员身上。但是电影就不同了，哪怕这个演员走出了画框，观众通过屏幕中其他人物的视线和动作依然能感觉到走出画框的人物的动作。有时候镜头稍微移动，原本出画框的人物又进入了画框，或者出画框的人物还会走回画框。诸如此类画框内外的变化往往会使观众产生一定程度上的联想。

4.3.5 画面边框的利用

画面的边框往往会被人忽视。在摄影机上有一个功能叫作安全画框（图4-12），打开这个功能后显示器上会出现一个边框。摄影师在拍摄的时候就要注意尽量不要把需要拍摄的内容移到安全画框外面，不然在后期剪辑的时候，很可能安全画框外的画面有部分会无法显示。

当然画框最重要的功能还是在构图方面，我们在进行人物特写构图的时候，一般要给人物的头部顶端与画框之间留下合适的空间，也需要给人物眼睛看的方向（称为"视向"）留下足够的空间，通常人物看向哪边，哪边的画面空间就要多留一点。还有在拍摄追逐的画面时，让被追的对象更接近运动方向的画框边缘，会使观众产生快被追上的紧迫感。

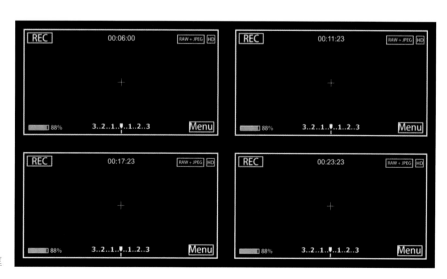

图 4-12　摄影机的安全画框

如何拍摄运动画面

影视制作和其他影像制作的一个不同点是拍摄用的摄影机具有可移动性。摄影机通过各种方式移动拍摄的时候，画面中的场景也跟着发生变化。其可以从俯拍的角度变成仰拍的角度，可以让原本不在画面中的人或物通过移动进入画面，可以从拍摄对象的背面转到正面。摄影机跟着被摄物体移动，可以突出这个被摄物体，使画面更加具有冲击力。总之，运动画面是影视制作中最具特色的表现形式，它能带给观众不一样的感官体验。

4.4.1 摄影机的移动拍摄

摄影机有很多种移动拍摄的方法，最基本的是摄影机镜头的推拉，不过现在的影视作品拍摄已经很少用镜头的推拉来进行移动拍摄了，更多的是利用辅助移动设备来让摄影机发生移位。常用的辅助移动设备有三脚架、轨道、摇臂、稳定器、机械臂、无人机等。将摄影机安装在这些辅助移动设备上，通过移动设备的移位，摄影机拍摄的画面做出升降、左右移动或摇动、前进或后退、旋转等运动。

三脚架是最基本的辅助移动设备。可以将摄影机安装在三脚架上，通过云台操控摄影机上下摇动或者左右摇动来拍摄运动的画面。影像拍摄中的"推、拉、摇、定镜"这几个拍摄方法都可以利用三脚架来完成。不过三脚架有它的局限性，它只能让摄影机做有限范围的移动，如果需要拍摄大范围移动的场景就需要依靠其他的辅助设备。

轨道是影视拍摄中常用的辅助移动设备，通常是和三脚架一起使用的。工作人员铺设好轨道并在其上安装轨道车（图 4-13），再把三脚架安装在轨道车上，通过轨道车在轨道上的运行可以使摄影机拍出大范围运动的画面，并且可以保持画面的稳定。在一些大型的轨道车上可以安装小型的升降摇臂，轨道车和升降摇臂配合可以拍出有特殊效果的画面。

在影视剧的拍摄中，摇臂是经常需要用到的移动设备，它可以用于拍摄大范围移动的画面。摇臂可以跟随移动的人或者物体，此时的摄像机就像一个旁观者，其拍摄的画面会给观众带来一种追随的视觉体验。

图 4-13　摄影机轨道车

摄像用的稳定器多种多样，有单手持的，如大疆的如影；也有双手握的，如手持陀螺仪稳定器；还有搭载大型摄影机的斯坦尼康。斯坦尼康适合文艺晚会、体育节目、电视剧等的拍摄，可以承受1~10kg的摄影机重量。其通过伸缩钢丝机械臂来保持平衡和稳定，以及控制摄影机的升降。

索道摄像系统（图4-14）用于拍摄大场面的镜头，通常分为多线系统和单线系统。多线系统尤其复杂，体积也十分庞大，安装起来会耗费很长的时间，多用于电影拍摄；单线系统相对而言就简单多了，主要是点对点建立一条运行索道，设备体积小，采用悬挂方式安装，操作简便可靠，适用于运行距离在500m以内，需快速安装调试的场合。索道摄像系统的拍摄落差很大，可以从几十米到几百米，最高运动时速可以达到130km。值得一提的是，索道摄像系统能拍出十分稳定的画面，运行的时候噪声非常小，还具备一定的爬坡能力。

相对来说，前面我们提到的这些运动方式中固定在三脚架上的运动方式比较传统，摄像机没有发生移位，只是拍摄的方向发生了变化，就像一个人左右摇头和上下摇头看东西一样。但是其他的运动方式会让观众有更多的参与感，就像一个旁观者，随着移动的物体不断地发生场景的变化，会感受到一种特有的空间感，这也是影视制作的独特魅力所在。

4.4.2 移动速度和运动时间

摄影机在拍的时候都会涉及移动速度这个要素，比如在拍摄时摄影机的移动速度的不同会呈现出迥然不同的效果。摄影机有节奏地快速移动会给人以一种紧张的、有张力的视觉感受，而慢速的移动则会营造出一种庄严、肃穆的氛围。

摄影机运动时间也是一个很重要的要素，比如在电影《拯救大兵瑞恩》中一场登陆的战斗中，摄影机就是用两三分钟的移动的镜头来反映战斗画面的。这种拍摄的手法和用固定镜头交代战争场面比起来更具有混乱性，让观众有身临其境的感觉。所以，摄影机拍摄时的时间调度也能表现导演所要强调的部分。

《拯救大兵瑞恩》的移动镜头

图4-14 索道摄影系统

4.5
多机位拍摄的技巧

以前，在影视拍摄中基本上只使用一台摄影机进行拍摄，但是你会发现在拍摄一些不可重复的场景的时候这样无法满足多视角记录画面的需求。例如拍摄一场爆炸的戏，如果仅仅使用一台摄影机进行拍摄显然是不够的。现在大多数剧组会选择两台甚至多台摄影机同时进行影视拍摄，这样在同一个场景内，可以多角度、多焦距地拍摄画面。在后期剪辑的时候导演可以挑选的镜头就变得十分丰富，而且多机位拍摄可以大大节省拍摄的时间。

利用多机位拍摄的另一个好处是，有一些年轻的新演员或者儿童演员的表演经验不是很丰富，如果用单机位拍摄，让他们进行精确的重复表演会比较困难，他们很难把握好分寸，选择多机位拍摄就

可以减少重复表演的次数。

不过在使用多机位拍摄的时候也会遇到一些困难，最常见的就是容易"穿帮"。例如一台摄影机在拍摄全景或者中景的时候，其他的机器就很容易被拍摄进画面，所以在多个机位的选择上需要有所取舍。现场录制用的话筒、灯光以及其他的一些设备也会因为多机位拍摄而不得不局限在有限的空间里，这样对声音的收录和灯光的效果也会产生影响。

总的来说，单机位拍摄是最容易达到想要的拍摄效果的，其没有角度的限制，不需要考虑避开灯光，是最能让导演发挥对镜头想象力的拍摄方式。在剧组里，是用多机位拍摄还是单机位拍摄这个问题应该留给导演去考虑。

4.6
确定影片的颜色和色调

影片的颜色和色调

一部电影总会有属于自己独特的颜色和色调。在早期的黑白胶片时代，用不同的感光效果呈现出来的影像就会不一样，可以说是各有千秋。感光度低的黑白胶片出来的影像有着丰富和饱满的质感，画面也比较锐利。而感光度高的黑白胶片出来的影像会有比较粗的颗粒感，但是影像之间的对比明显。彩色胶片的色调更为多样，不同公司生产的胶片都会有独特的倾向性，有的偏向红黄色调，有的偏向

蓝绿色调，尤其是在冲印胶片的时候，可以强化这种差异性的效果。

现在的电影绝大部分以彩色为主，当然也有少数的黑白影片，例如《辛德勒的名单》《艺术家》等影片都是黑白的。其中《辛德勒的名单》使用的黑白影像呈现出了晦涩的大屠杀事件。

《艺术家》这部电影中有很多的桥段都是模仿经典老电影中的片段，更值得一提的是，这部电影

从头到尾没有一句台词，是一部标准的默片。从某种意义上说，这是一部穿越了时空，向黑白电影时代致敬的影片。

我们再回到对彩色影片的探讨中。心理学的研究表明色彩可以调动人们的情绪，诸如红色、黄色等特定的颜色会给人温暖的情绪感受，蓝色、绿色则会带来冰冷的情绪感受。所以在为一部彩色影片选择色调的时候要考虑这部影片的主题，如果是讲述情感故事之类的影片一般会选择暖色调，如果是内容为战争的电影则会选择冷色调。一旦定下采用何种色调来进行拍摄，所有的布景、道具、服装以及演员的妆容都要以符合整个影片的色调来进行安排。

色调的制作有很多的方法，在胶片时代，影片拍完后会进行冲洗和印片，这个时候就可以在冲印室内调整胶片的色调。而在数码时代就变得更为简单，直接通过后期剪辑的调色软件就可以完成，例如调色软件达芬奇（Davinci Resolve）和 Baselight 等，这些都是目前电影工业中使用率很高的后期调色软件。在后面的章节中我们会专门介绍数字电影的调色技巧。

无论你是在校的学生还是专业的数字影像从业人员，都应该掌握如何对画面进行调度、对色彩进行控制等，这会使你在拍摄或工作中变得游刃有余。

4.7

拍摄时配合剪辑

一部影片的导演和摄影师在拍摄前就要考虑好镜头之间的先后顺序和逻辑关系，除了事先做好分镜头脚本的准备外，还需要有一定的临场发挥能力。因为分镜头脚本中出现的场景和现场实景拍摄的环境可能会有不同，所以要根据现场布置的场景来设计拍摄镜头的景别和摄法。在现场拍摄时，如果准备充分且拍摄镜头符合逻辑，则会在很大程度上减轻后期剪辑的工作压力。宁可多拍几组镜头，也要比在后期剪辑缺少镜头时靠剪辑师补救省事。

4.7.1 素材镜头的取舍

摄影师在一个场景中拍摄的时候往往会拍很多组不同角度、不同景别的镜头。无论是用单机位拍摄还是用多机位拍摄的镜头，在后期剪辑的时候都需要和其他的镜头组接起来。例如，在拍摄一个场景里两个人之间的对话的画面时，通常会安排一个固定的机位，把两个人都拍摄在画面中，由此可以看到两个人的位置关系，以及周围的环境，直至把整个对话的过程连续拍摄下来。这段素材在后期的剪辑中会成为一个重要的参考镜头，演员对话时的表情、动作、眼神的方向以及光线的方向和位置等都需要以这个镜头来做参照。导演可以再拍摄几组不同角度、不同景别的画面，其中包括过肩镜头、特写镜头、人物的反应镜头等（图 4-15 ~ 图 4-17）。后期剪辑的时候，剪辑师可以根据剧情发展的要求挑选适当的素材来完成这个场景的剪辑。

当然，还可以用其他的拍摄方法，例如在两个人物对话过程中全部采用特写镜头来进行拍摄，不用主场景交代人物的位置。这种拍摄的方法往往用于拍摄有激烈冲突的对话场景，后期剪辑的节奏会非常快，这时就不需要主场景来拖慢节奏。

图 4-15　学生影视作品中的过肩镜头

图 4-16　学生影视作品中的特写镜头

图 4-17　学生影视作品中的反应镜头

4.7.2　素材镜头的时间长度

在拍摄每个镜头的时候都会由导演来决定拍摄的时间长度。在拍摄运动镜头的时候，为了拍摄一个完整的运动过程，往往就会拍摄一段时间较长的镜头素材，镜头的时间长度会对观众产生深刻的影响，镜头时间越长，观众得到的信息就越多。

通常在拍摄镜头的开头和结尾都需要做准备，比如开始拍摄时在镜头前面放一块拍板，上面写有拍摄的场次、摄影师名字、导演名字等信息。这些

会方便后期剪辑师在剪辑的时候确认素材拍摄的时间和顺序。一段素材的开头和结尾部分一般都会被剪掉，因为这些画面都是无用的画面。

4.7.3　拍摄中的连续性

一般来说，每一个镜头的拍摄都是有连续性的，前一个镜头需要和后一个镜头衔接，也就是说，在画面中，无论是时间还是空间都应该是连续的。但是我们在实际拍摄的时候哪怕是同一个场景的戏，

都可能是在不同的时间、不同的角度来进行拍摄组合的。所以在摄制组中都会安排场记对拍摄的镜头进行记录，并且对出现在每个镜头里的演员服装、道具、妆容进行确认。例如，有一个场景的戏分成两天来进行拍摄，在拍摄的过程中就要注意这两天演员穿的服装是否一样、发型是否一样，现场的道具摆放的位置是否保持一致。灯光师则要确保这两天灯光的位置、亮度、色温统一。

拍摄的连续性中最常见的就是表演的轴线原理，无论是两个人之间的交谈，还是一个人行走，这些动作都需要依靠轴线原理来确定拍摄的机位。例如拍摄两个人交谈的画面，一般会在两个人之间虚拟一条连线，在摄影机拍摄的时候，机器的位置只能在这条连线的一侧，也就是这条线的180°区域内变换拍摄的机位。如果越过了这条线进行拍摄就会产生一种叫作"越轴"的镜头。"越轴"拍摄的画面在后期剪辑的时候会使得画面中对话的人物有跳跃的感觉。所以我们在平时拍摄的时候眼睛里要有这根"轴线"，避免拍摄"越轴"的镜头。不过这也不是绝对的，在一些场景里也可以拍摄"越轴"的镜头。例如，在一些有明显参照物的场景里拍摄"越轴"的镜头也不会影响画面的连续性。

另外，在拍摄运动物体的时候，也需要考虑镜头组接的连续性。例如我们拍摄一个行走的人，开始拍摄的镜头是从静止到开始走动，然后去和全速行走的镜头进行衔接。这时候就要注意，开始镜头走动的速度要比全速行走的速度慢一点，这样在后期剪辑的时候把这些镜头组接起来才能符合时间和空间的连续性。

如果想要确保镜头衔接比较流畅，素材之间匹配符合逻辑，在拍摄的时候就可以采用重叠表演拍摄法。假设我们要做两个镜头的组接，镜头一是拍摄一辆汽车驶入画面，车门打开后从车上下来一个人，镜头二是拍摄近景镜头，对准车门拍摄，车门打开后一条腿从车里伸出来，脚踩在地上。在拍摄这两个镜头的时候要把动作完整地拍摄下来。后期剪辑师在剪辑的时候，这两个镜头就可以有无数个剪辑点来进行匹配，这种剪辑方法也叫作"动接动"的剪辑方法。

我们在用不同的景别拍摄同一个场景的时候要注意拍摄角度的变化，如果在拍摄时全景、中景和特写之间没有角度变化，那么这些画面在后期剪辑的时候就会给人跳跃的感觉，缺乏连续性。在变换景别拍摄同一个场景的时候，我们可以利用"30°原则"来进行角度变化的拍摄。例如，我们在拍摄全景时用正面的角度，在拍摄中景的时候就需要往左或者往右移动30°。

镜头的连续性还取决于很多因素，如拍摄时现场导演的调度、摄影师的拍摄技法以及后期剪辑师对于镜头组接的理解等。

4.8

拍摄时配合后期视觉效果

现在的电影越来越注重电脑特效的使用，所以我们在拍摄的时候常常要考虑给后期制作特效留下足够的空间。最常见的就是在绿色或者蓝色背景前拍摄，一般演员在蓝绿背景前进行表演，在后期处理的时候会把人物从蓝色或绿色的背景里抠出来，再和其他的内容合成在一起。在进行这类拍摄时要注意演员不要穿蓝色或者绿色的服装。如果有一些外籍的演员眼睛是蓝色或者绿色的，就要避免背景颜色和演员眼睛的颜色重叠，不然会影响后期的抠像。

我们经常能看到一些由真人和卡通人物或者三维动画人物合成的电影，为了保证两者之间视线的方向符合逻辑，在拍摄的时候就要事先设计好真人的视线方向，在进行后期制作时也要使卡通人物或三维动画人物的视线配合真人拍摄的视线方向。这样的场景拍摄起来难度相当大，摄影机的角度、景深的变化、镜头焦点的变化等方方面面都要考虑周全。

练习题

一、模仿希区柯克的电影拍摄一组滑动变焦的镜头。

二、练习平角拍摄、仰角拍摄、俯角拍摄。

三、练习正面、侧面、斜侧的画面拍摄。

四、练习两人、三人的对话拍摄，要求有过肩镜头、特写镜头、反应镜头等。

5 数字高清
影像中的
灯光

在影视制作拍摄中光线是十分重要的部分。对于摄影师而言，光线决定了现场录制的效果，尤其是光线的强弱直接影响了拍摄的画面质量，要在弱光的场景里完成一段完美的拍摄是对摄影器材和摄影师拍摄技巧的最大考验。另外，布置什么样的光线效果来配合故事情节的讲述也是十分有讲究的。本章就光线的运用做一个详细的分析。

如何测量光线

要让拍摄的画面达到一个准确的曝光效果，最关键的一步就是要测量出被拍摄目标光线的强度，而且一定要尽可能准确。无论是胶片时代的摄影机，还是现在使用的数字高清摄影机，都需要一个测光系统来帮助确定曝光值。通常摄影师都会带一个测光表（图 5-1）来对现场的光线进行测量，再根据测光表上得到的数值设定准确的曝光参数。测光表的种类大致分为三种：入射式测光表、反射式测光表和点式测光表。

5.1.1 入射式测光表

入射式测光表用于测量照射在场景中的演员身上或者某个区域的光线亮度。Sekonic（图 5-2）和 Spectra 是两种比较常用的入射式测光表。测光表的表头上有一个塑料半球体，这个就是测光表的光感应器。在使用的时候，把测光表放在被拍摄目标旁，并把感光球体对着摄影机的方向，当光线照射在感光球体上时就可以测量出光亮度。测光表的数

图 5-1　测光表

图 5-2　Sekonic 测光表

值显示部分可以旋转，方便测光人员读取测光的数据，避免人员凑近看数值的时候遮挡感光部分而导致数值不准确。

入射式测光表是专业摄影师最常用的设备，是行业内使用的标准测光仪器，这种测光表的优点是测光值准确、可靠、容易读取。因为它是直接对光线照射的区域进行测量，所以不会受到反射光线的影响，得到的数值比较客观。尤其是在现场有多台摄影机拍摄的时候，入射式测光表的测量数据更具有参考价值。

5.1.2　反射式测光表

反射式测光表用于测量被摄物体反射出来的光线强度，主要是为整个场景提供全面的光线数值。一般来说这样的测光系统的测光角度十分广，往往可以收集整个场景的光线亮度。前面我们提到的两个品牌测光表的有些型号也兼顾反射式的测光，可以根据现场的不同需要选择合适的测光模式。

现在的数字摄影机都有内置式的反射式测光系统。光线通过镜头照射到摄影机内部的感光元件上，摄影机对光线进行分析后把图像显示在监视器屏幕上，摄影师就可以根据屏幕上图像的明暗来调节摄影机的曝光值，通过调整光圈、快门速度或者角度、感光度等参数确定一个相对准确的曝光值。

5.1.3　点式测光表

点式测光表其实也是反射式测光表的一种，只不过点式测光表测光的角度十分狭小，最小的角度可以达到1°。其一般用于拍摄场景内较小的物体，在整个场景里，仅仅测量极其微小的角度内反射出来的光线亮度，而且它测量的精确度非常高。大多数点式测光表同样也兼具入射式的测光功能。

如果是在室外进行拍摄，光线比较复杂，摄影师通常会选择反射式测光；如果是在室内，光线可以调整和控制，则选择入射式测光比较方便。

5.2
获得准确的曝光值

在实际的拍摄工作中，测光表是一个非常重要的工具，摄影师依靠它能得到拍摄现场准确的曝光值。虽然测光表的数据比较精确，但是只要是机器就总会有出现错误的时候，所以一个有经验的摄影师在设置曝光数值时会把测光表测量的数据当作一个参考值，在开机拍摄前会通过观看波形监视器对数值进行微调。

用波形监视器评估是评估光亮度最精确的方法。当信号进入波形监视器的时候，屏幕上就会显示波纹图形（图5-3）。整个波纹图形会显示在 −40

IRE 到 100 IRE 的刻度上，其中 0 IRE 到 100 IRE 是视频部分。一开始的时候把 0 IRE 认定为最黑的区域，把 100 IRE 认定为最白的峰值区域，但是从技术上来说，这样并不可行。后来把 7.5 IRE 认定为最黑的区域，0 IRE 到 7.5 IRE 之间的区域被称为"绝对黑色"。0 IRE 以下的部分是同步信号。需要注意的是在 100 IRE 以上还有 110 IRE 和 120 IRE，这部分被称为"超白区域"，是强光的峰值，例如强烈的直射太阳光线。

理解了波形监视器的数值，我们就可以来调整

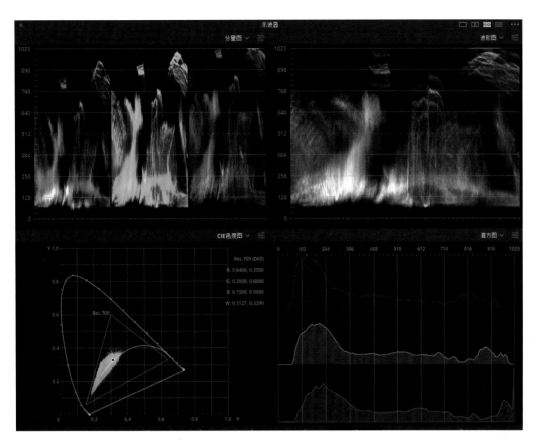

图 5-3　多模式示波器

参数，从 7.5 IRE 到 100 IRE，每相隔 20 IRE 差不多就是一档光圈，计算下来一共有 5 档的宽容度。在整个画面中超过 100 IRE 的区域就是曝光过度，而低于 7.5 IRE 的区域就是曝光不足，这两个区域里的细节是无法辨识的。波形监视器可以很精确地呈现每个位置的曝光值，也可以精确地呈现特定区域的对比程度。

在一些非专业的拍摄中，比如学生完成拍摄作业的时候，没有测光表和波形监视器来帮助获得准确的曝光值，这时候就要依靠摄影机内置的测光系统了。摄影机内置的测光系统主要运用"中央重点测光法"和"平均测光法"两种方法。前者是测量画框中的某个小区域的亮度，后者是测量整个场景的平均亮度。这两种测光法的精度不会太高。尤其是在现场光比反差很大的时候，如果背景光线十分强烈，当人物站在强光背景前，摄影机的镜头拍出的人物的脸部就可能变得很暗。这是因为摄影机自带的测光系统采用的是测量整个场景平均亮度的平均测光

法，往往会以明亮的背景作为测光的依据，这样背景前的人物面部就会曝光不足。解决的方法，一是打开摄影机里的曝光逆光补偿系统，增加人物脸部的曝光值。二是关闭摄影机的自动光圈，利用手动光圈增加曝光量，也能够使人物脸部的光线变亮。一个有经验的摄影师通常会选择手动模式来进行拍摄，因为用手动模式能够更加精确地掌握曝光的数值。

现在一些常用的电影级数字摄影机对于感光元件的数值标识借鉴了胶片摄影机的设置，不同于数码相机的 ISO（ international standard organization ）感光度，数字电影摄影机通常会用 EI（ exposure index ）来表示曝光数值。这两者有什么样的区别呢？我们先来了解一下这两种数值的来历。

ISO 感光度，就是电影胶片或者感光元件对于光线的敏感程度。感光度越高，对于光线越敏感，在单位时间内受到的光照呈现的画面就会越亮。最初的胶片感光能力使用美制 ASA（ American standards association ）或德制 DIN 表示，后来国际标准化组

织（international standard organization，ISO）为了给数字摄影机的感光能力制定一个统一的标准，就把美制 ASA 作为 ISO 的统一标准。感光度 ISO 参数如图 5-4 所示。

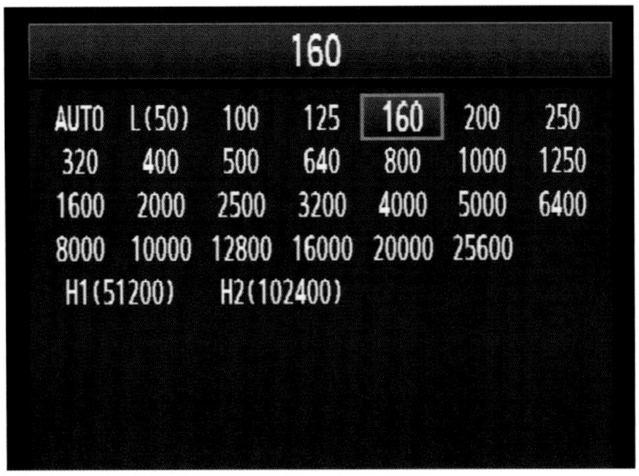

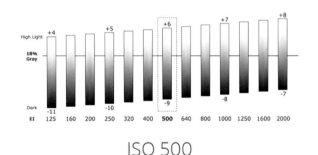

图 5-4　感光度 ISO 参数

胶片的感光度取决于其银盐颗粒的大小，这属于感光材料的物理属性，在拍摄中是没有办法改变的。所以在使用胶片摄影机拍摄的时候，要根据现场光线的不同，选择使用不同感光度的胶片。但是数字摄影机则不同，它的感光度可以通过调节感光元件 CMOS 对光线的接受程度来改变，也就是使用数字信号的增益。在 CMOS 物理感光能力不发生改变的基础上，增益放大从 CMOS 感光元件上收集和转化来的图像电压放大信号，使得成像与视觉上的感光能力增强。不过要注意的是，增益放大主要是放大电信号，但是在放大信号的时候，电子系统是

没有办法控制视频噪点或有效信号的，这就是感光度 ISO 越高，出现的噪点就会越多的原因。

一般来说，我们在说到 ISO 感光度的时候，不会去讨论其是否会改变画质的宽容度，也不会考虑数字增益是否会影响画质，ISO 感光度仅仅用来表述该摄影机对于光线的敏感能力。

EI 曝光指数，是延续了胶片时代的叫法，其参数如图 5-5 所示。胶片的感光度是固定的，所以有经验的摄影师在拍摄中可能会故意拍摄一档曝光不足或者一档曝光过度的画面，以便在后期胶片冲印时再来决定自己希望达到的曝光效果。举个例子，如果在使用 ASA 500 的胶片（相当于 ISO 500）进行拍摄的时候，摄影师将 EI 设置在 ASA 1000，那么在后期进行冲印的时候，我们就需要增加一档的曝光量来还原正确的曝光。

在现在的数字摄影机中，曝光指数用 EI 来表示，数字摄影机所用的 CMOS 的感光能力是固定不变的，就好比胶片的感光度。而调节 EI 就相当于胶片冲印时通过冲印手段对曝光进行再一次的处理。

图 5-5　曝光指数 EI 的参数

5.3

光线的颜色处理

在拍摄的现场除了要考虑光线的强弱，还需要注意光线的颜色，不同的光线来源会产生不同的颜色，我们在学习测光的同时也要学会对光线颜色进行测定和补偿。

人的眼睛之所以能看到颜色，都是因为肉眼受到电磁波辐射刺激后引发了一种视觉神经的感觉。

人类眼睛看到的不同波长的电磁波，代表的就是不同的颜色。我们看到的白色光线是所有可见光波长组合而成的。当白色的光线照射到一朵蓝色的花上，这朵花便会反射蓝色的光，并且把其他波长的光吸收掉。人类辨别颜色，基于光线照射在物体上的特定波长和整个物体吸收的波长。这一点对于摄影师来说尤为重要，因为我们可以通过滤镜来吸收特定的颜色，或者让其他颜色通过滤镜来改变被摄物体的颜色。

光线有不同的颜色，我们熟悉的太阳光也是有颜色的光线，它是由 30% 的红色、59% 的绿色和 11% 的蓝色组成的。根据时间的不同，太阳光透过空气中云雾的反射光不同，阳光的颜色就会发生变化。黄昏的时候阳光中红色的波长会突出，这时光线便凸显出较红的颜色；正午的时候蓝色的波长会突出，这时的光线就会有点偏蓝。

我们一般会用开尔文色温来表示不同颜色的光

线，开尔文（Kelvin）的首字母是"K"，所以色温的计量单位就是用"K"来表示。例如点亮的蜡烛发出的光线是黄红色的，它的色温为 1800~2000K；钨丝灯大约为 2800K；卤素灯大约为 3000K；冷色荧光灯为 4000~5000K；正午的阳光大约为 5500K；阴天大约为 7500K。色温参照表如图 5-6 所示。

按照色温的理论，色温越低，光线的颜色就越偏红；色温越高，光线的颜色就越偏蓝。我们在使用摄影机拍摄时要精确地调整摄影机的色温，这样拍出来的画面的颜色才准确。低色温的拍摄光线尤其要求测量数值准确，因为在低色温的环境中，哪怕上下误差 100K，拍摄出来的颜色就会有明显的区别，而在高色温的光线中，误差 200~300K，拍摄出来的颜色的区别并不太大。有经验的摄影师在拍摄现场凭肉眼就能预测出色温大概的数值。不过在专业的拍摄工作中，我们还是要依靠仪器来测定拍摄现场的准确色温值。

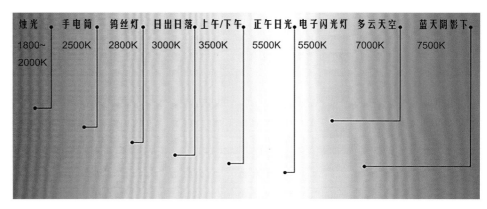

烛光	手电筒	钨丝灯	日出日落	上午/下午	正午日光	电子闪光灯	多云天空	蓝天阴影下
1800~2000K	2500K	2800K	3000K	3500K	5500K	5500K	7000K	7500K

图 5-6　色温参照表

5.4

滤镜在拍摄中的作用及滤镜的种类

很多时候摄影师在拍摄的时候都会用到色温转换滤镜，比如在使用钨丝灯在室外拍摄的时候，就需要使用雷登（Wratten）85 或者 85B 这样的色温转换滤镜（图 5-7）。这类滤镜是橘色的，其可以把室外偏蓝的光线转变成和钨丝灯相接近的光线，以此来保证色温的平衡。很多数字摄影机内部会设置多个色温转换滤镜供摄影师在不同的光线环境中进行选择。

数字摄影机都会提供一个能自定义色温的调整系统（Preset）预置档，让摄影机在不同的色温场景内能获得准确的色温。调整色温的操作方式十分简便，首先准备一张白色的纸，将其放在摄影机镜头前1~2m的地方，并把白纸微微抬起，保证其能受到现场光线的照射；然后把摄影机焦距推上去，使白纸充满整个画面；再按下Preset按钮，等待几秒钟后摄影机的自定义调整色温就完成了，这时得到的色温值就是当前场景下最准确的色温值。

滤镜的种类有中灰滤镜、中灰渐变滤镜、偏光滤镜、柔光滤镜等。

在拍摄过程中使用最普遍的是中灰滤镜，这类滤镜的主要功能是降低进入镜头光线的强度。在室外强烈的光线下，如果没有中灰滤镜降低进入镜头光线的强度是无法进行拍摄的。中灰滤镜是按照滤光的程度来进行标识的，例如ND-3的中灰滤镜可以减少一档的通光量，ND-6的滤镜可以减少两档的通光量。

中灰渐变滤镜（图5-8）是一种比较特别的滤镜，它会降低画面中部分区域的光线强度，一般来说中灰渐变滤镜的上半部分是涂有减光材料的，可用来降低天空中的强光照射进镜头的光线的亮度。这种滤镜通常用于在光比反差比较大的晴天的室外拍摄，由于晴天天空的光线会比较亮，地面的景物就会显得比较暗。如果直接拍摄的话，会造成地面的景物曝光正常，但是天空曝光过度。这时候可以使用中灰渐变滤镜中涂有减光材料的部分拍摄

天空，没有涂减光材料的部分拍摄地面的景物，这样一来就能保证拍摄的画面有准确的曝光，从而解决光比反差太大的问题。

偏光滤镜是另一种常用的滤镜，如图5-9、图5-10所示。它可以有效地去除薄雾，并且可以使拍摄出来的天空的颜色更蓝。偏光滤镜最主要的功能是减弱水面或者金属的反射光，尤其是在拍摄金属制品的时候，反射光非常强烈，这时我们可以转动偏光滤镜上的转环来吸收反射入镜头的强光，通常都会取得良好的效果，从而使画面达到良好的曝光效果。

柔光滤镜也是很多影视剧拍摄时常用的滤镜，它可以使光线变得柔和，最明显的效果是让画面里的高光部分出现光晕。使用柔光滤镜能让演员的皮肤变得光洁，并且能减淡脸部的化妆痕迹，以及雀斑和皱纹等。还有一类特殊的柔光滤镜，其既可以保持高光部分的柔光效果，也能使人物的皮肤保留足够的细节和质感。柔光滤镜的强弱效果分为1/8、1/4、1/2、1，数字越大，柔光的效果越强烈，例如1/4的柔光效果就要比1/8的柔光效果更加明显。柔光滤镜的效果对比如图5-11所示。

在实际使用中，有很多滤镜都是外置的，通过一个镜头的插片支架直接放在镜头的前面，这样可以将几种滤镜叠加起来使用，达到摄影师想要的拍摄效果。随着近年来后期特效软件的功能越来越强大，很多滤镜的效果在特效软件中就可以实现，但是还是有很多摄影师在前期拍摄的时候使用滤镜，这也是摄影师的一种职业习惯。

图5-7　雷登（Wratten）滤镜

图5-8　中灰渐变滤镜

图5-9　偏光滤镜

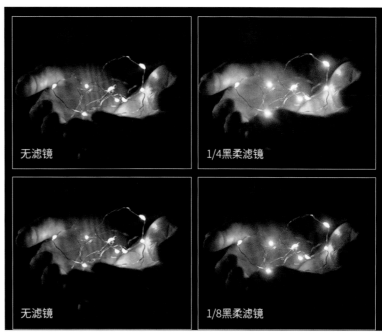

图 5-10 使用偏光滤镜可以减弱水面、金属等反 射的光线

图 5-11 柔光滤镜的效果对比

5.5

灯光设备的应用

在影视剧的拍摄中，灯光设备的使用是必不可少的。影视用灯光的种类有很多，可以按照灯泡的种类来分类，也可以根据灯光照射的强度和质感来分类，还可以根据灯光的架设方式进行分类。我们仅以最普遍的灯泡的分类来介绍。

1. 灯泡的种类

在专业的影视拍摄中，灯泡按种类来分主要有4种，分别是卤素灯、HMI 灯（hydrargyrum medium-arc iodide）、高速荧光灯（high-speed fluorescent）和 LED 灯（light-emitting diode light）。

卤素灯（图 5-12）又称石英灯或者钨丝灯。它的灯丝是用钨丝做的，灯罩则采用石英材料，能够抵抗高热的温度，灯泡内充满卤素气体。接通电源后，钨丝灯经电流通过产生热度并发出光线，灯

图 5-12 影视卤素灯

丝的电阻越大发出的光线越强，消耗的电流也越大，所以衡量一个卤素灯的计量单位一般是瓦特。例如，1000W 的灯所消耗的功率要比 500W 的灯高一倍，当然灯也更亮。灯泡内部的卤素能够将蒸发出来的钨再沉淀，从而延长灯泡的使用寿命以及保持其色温和亮度。在使用卤素灯的过程中要避免接触灯泡的表面，如果手指碰到灯泡，手指上的油脂会破坏石英层的表面，影响石英的使用寿命，也可能会导致灯泡在变热的情况下发生爆裂。通常我们在更换灯泡的时候必须戴手套或者用塑料包住灯泡。

HMI 灯（图 5-13）又称镝灯，是影视剧拍摄中最常用的灯，它的色温通常在 5500K 左右。镝灯的亮度一般高于卤素灯，它的灯光是一种高色温的光，尤其适合在室外或者影棚内进行拍摄。由于镝灯照射的面积大而且光线强烈，在室外拍摄时可以模拟晴天的太阳光线。镝灯的价格比较昂贵，耗电量也十分巨大，所以如果剧组需要使用镝灯来进行拍摄就需要保证有充足的资金。

高速荧光灯的光也是经常用到的一种灯光，自从 Kino Flo 主推这种灯光后，大家就习惯以 Kino 来统称这类灯光（图 5-14）。这种灯光的最大特点是消除了传统荧光灯闪烁的问题。普通的荧光灯每秒振动 60 周期，而高速荧光灯的每秒振动周期可以达到 30 000 到 40 000。在高速荧光灯的光照下，无论是使用胶片摄影机还是使用数字摄影机进行拍摄都不会产生频闪的问题。而且高速荧光灯的工作原理是通过刺激化学磷的化学反应来工作，所以十分节能，不会产生高热量，它的灯管使用寿命可以达到 10 000h。

LED 灯（图 5-15）近年来被各类剧组大量使用，大有取代卤素灯和镝灯的趋势。LED 灯的优点是耗电量小，使用寿命长，可以变换色温，体积小，质量轻，有利于移动；缺点是光照度不够。LED 灯的

图 5-13　HMI 灯

图 5-14　高速荧光灯 Kino Flo

图 5-15　影视 LED 灯

科技革新速度越来越快，相信在不久的将来，或许会全面取代卤素灯和镝灯。

2. 灯具的基本种类

我们可以按照灯具发出的光线质感或者光线被灯具控制成型的方式对灯具进行分类。一般来说，我们最常听到的人们形容光的性质的术语是硬光和软光。硬光的照射角度比较小，照射的景物会有清晰的轮廓线和浓重的阴影。而软光则相反，软光的照射角度比较大，它的光线是一种扩散型的光线，照射在景物上看起来比较柔和，也不会留下很浓重的阴影。

灯具按照主要功能来分，又可以分为主光、辅助光和背景光（又称"环境光"）。

主光是传统意义上架设的主要照明来源，大多数情况下采用硬光照明，是有着清晰方向的光束。

辅助光则负责补足主光，用来减少主光造成的阴影和降低对比程度，这种光通常比较柔和，有着扩散的光线，灯头上安装有开放式的遮罩，用来控制光线的角度。

背景光主要是为主体和背景之间增加深度感

和对比效果，通常采用柔光，照射的区域广阔且平均。

值得一提的是，这些主光、辅助光、背景光并不是指独特的灯具种类，而是指的灯具的用途。也就是说，一个灯具可以在这个场景里当主光光源来使用，到另一个场景可能就会当背景光光源来使用。这其实就是按照灯具所承担的工作来分类的。

3. 灯具的辅助装置

在摄影工作中，灯具通常都是悬挂在各种灯架上来使用的。灯架一般都是由金属制作的，可以伸缩调整高度，底部为三脚固定。有些灯架的底部三脚腿上带有轮子，可以进行移动，灯光师给这些最常用的灯架起了个有趣的绰号，叫作"魔术腿"。

魔术腿（图 5-16）不同于普通的灯架，它的三个脚高低不等，可以折叠放置以节省空间，也可以调整三个脚的角度，使用一些沙袋来压住三个脚能使灯架非常稳定，保证灯架不会随意倒下。魔术腿上不仅能安装灯具，还能安装遮光板、黑白旗等一些灯光辅助设备。魔术腿的功能非常多，是灯光师最得力的"助手"。

遮扉（图 5-17）是用来阻隔光线的。遮扉一般是薄的金属片,安装在灯具的前面,有两片式和四片式。其不仅能减少光照下产生的阴影,还能遮挡光线,不让光线直接照射进摄影机的镜头。另外圆锥形光罩、圆形挡光罩、旗形挡光板、圆形挡光板、狭长挡光板等也属于遮扉。

反光板（图 5-18）是影视剧组里灯光师们最常用的补光工具,它能够很好地对光线进行引导,

把太阳光或者主光源反射回场景中。我们经常看到拍摄现场有灯光师手持反光板给演员的脸部进行补光,这一方面能使演员脸部的光线充足,另一方面白色的反光板能给演员的瞳孔反射出眼神光,使人物的眼睛看起来炯炯有神。反光板可以手持也可以固定在架子上,无论是哪种方式都要求反光板不能晃动,不然会使得画面里的光线发生抖动。

柔光布（图 5-19）可用来减弱光线的亮度,通常使用半透明的布料来制作,它不会改变光线的色

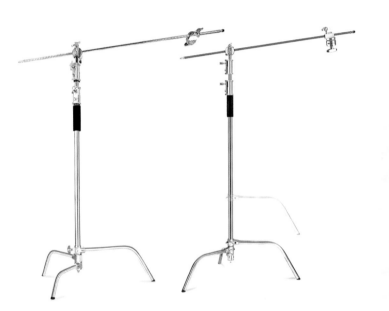

图 5-16　魔术腿

图 5-17　遮扉

图 5-18　影视用反光板

图 5-19　柔光布

温。柔光布可以夹在灯具的前面，也可以放置在灯光和被摄物体的中间。放置距离不同，柔光布产生的柔光效果也不同。柔光布也可以在户外使用，大型的柔光布可以用框架吊起来遮挡阳光形成柔和的光线。不同厚度的柔光布的柔光效果也不同，例如单层的柔光布可以减少半档亮度的光线，双层的则可以减少一档亮度的光线，柔光布的层数越多减弱光线的效果越明显。

5.6

对电力的要求

在影视剧拍摄的现场，电力系统是要优先保障的，摄影机及其配件都需要用到电，而灯光是用电需求最大的部分。在一个大型的电影拍摄剧组里，对电力的保障是十分重要的。剧组通常会成立一个电工组和灯光师配合，保证现场的电力运转不出现问题。一旦电力系统出现故障，将会影响整个剧组拍摄的进度。

大型的影视剧组都会安排若干辆发电车，在车上会装载发电机。发电车是剧组中唯一能保障可靠用电的设备，尤其在户外拍摄的时候，发电车是必不可少的。另外，它移动方便，灵活机动，可以满足绝大多数拍摄场地的用电。

在外景场地搭建灯具进行拍摄时还需要注意安全，无论什么时候安全总是排在第一位的。首先要规划好线路和灯光的位置，所有灯具都必须固定安装好，可以使用专用的胶带来固定灯具设备。电源线和延长线都需要贴上电工专用胶带或盖上橡胶踏板（图5-20），以防人走路的时候被绊倒。

图 5-20　橡胶踏板

灯具上的连接线必须绕在灯架的一个脚上，避免挡到人造成灯架倒塌。灯头都比较重，在灯架的灯脚全部展开的同时，要用沙袋压在灯脚上，起到固定的作用，以防灯架倒下。在使用灯架的时候其中一个灯脚要朝向灯光照射的方向，这可以平均地分散灯具的重量以增加稳定性。

以上这些安全措施是保障整个剧组能够顺利运行、完成拍摄工作的基本常识。无论如何安全总是第一位的，要保护所有演员和工作人员的人身安全，要以谨慎、细致、专业的态度规范使用电源和灯光等设备。

练习题

一、简述测光表的使用方法。

二、根据拍摄现场的实际情况调整摄影机的感光度或者曝光值，并准确选择现场的色温。

6 布光的
基本技巧

通常我们认为影视剧组在拍摄中使用灯光是为了得到准确的曝光，其实不仅仅是为了满足曝光的需求，灯光最重要的功能是引导观众观看时的视线，并且具有影响角色的形象、渲染情绪、创造画面的质感、带出或隐没特定的颜色、强调深度或者不强调深度、帮助确认三维空间等作用。

6.1
风格化布光

现代的影视拍摄中，灯光的处理要求接近真实，光线要像我们日常生活场景中的光线。例如，拍摄晚上走在路上的镜头，这时候就需要用灯光的光线模拟路灯的光线；在家里则需要模拟台灯、客厅的顶灯等的光线；在户外拍摄的时候则需要模拟太阳光线；等等。

光线能营造特定的氛围或者渲染特定的情绪，有一些场景在真实的情况下是没有光线的，比如在下水道、古墓等场景里，但是我们在实际拍摄的时候必须有光线。灯光师在这个时候就会从一些挡板、角落处引入光线，这种布光不会让观众感觉光线和周围的黑暗环境不符。

6.2
三点式基本布光技巧

三点式布光（图6-1）是最常用的传统布光方法。无论是在摄影棚内拍摄还是外景拍摄都会用到三点式布光，这种布光是一种能非常有效地塑造三维空间感的布光。

在三点式布光中，最主要的光线称作"主光"，主光用来模拟整个场景中主要的光线，例如外景里的阳光、夜晚马路上的灯光、客厅的灯光、卧室的灯光等光线。在拍摄的时候，主光通常会被安排在摄影机的左侧或右侧45°的位置，并且略高于被摄主体。主光一般都会使用可聚光的灯具，根据拍摄的要求，可以在散光和聚光之间进行调整。

第二种光线称为"辅助光"，位于主光的另外一侧，接近45°的角度，高度通常都会和摄影机的高度差不多。辅助光的作用是减少主光源造成的阴影。所以它的亮度不会超过主光的亮度，而且大多会采用柔软、发散的软光。

图6-1　三点式布光示意图

三点式布光的第三种光线称为"轮廓光"。首先,轮廓光通常被安排在被摄物体的背面且有足够角度的高度,这样可以避免光线直接照射进摄影机的镜头。轮廓光可以凸显被摄物体的轮廓,尤其是在拍摄人物的时候,可以在人物的头发、肩膀等部位形成非常鲜明的轮廓光线,增加人物的立体感。

在三点式布光的基础上还可以再增加不同点位的灯光,例如可以添加"眼神光",将照射角度比较小、可以聚焦的光源放置在摄影机边上,高度和眼睛高度一致,这种光线可以增加演员眼睛里的闪亮感,使其眼睛变得炯炯有神。还有"背景光",这种光线可以照亮背景,能够使人物和背景区分开来,从而增加整个空间的层次感。轮廓光、背景光如图6-2所示。还有一种光线叫作"侧光",它和轮廓光比较相似,不同的是侧光会被放在主体侧后方比较低的位置。不同的情况用的光线亮度也不同,比如黑色头发的人物用的侧光亮度需要强一点,金黄色头发的人物使用的侧光亮度要弱一点。

图 6-2　轮廓光、背景光布光示意图

6.3

数字电影、高清电视在灯光要求上的区别

数字摄影机受它内部的电子元件功能限制,在灯光的使用上往往需要极强亮度的光才能拍摄出足够清晰的影像。这与传统的胶片摄影机不同,胶片摄影机使用的胶片感光度较高,对于光线非常敏感,相对于数字摄影机,胶片摄影机拥有更高的宽容度,所以胶片摄影机可以在弱光的情况下实现非常清晰的影像呈现。

在数字影像的拍摄中,如果遇上大块的黑色区域,画面上将会出现很多干扰信号,消除这些干扰信号的办法就是使用辅助光来提高这部分区域的亮度。就目前的发展趋势来看,数字摄影机的技术越来越成熟,和胶片摄影机之间的差距也越来越小,相信在不久的将来数字摄影机将达到甚至超过胶片摄影机的拍摄效果。

6.4

布光前的准备工作

布光是一个十分烦琐且又需要耐心的工作。在剧组开始拍摄之前，灯光师和摄影师要一起观测拍摄的场景，拟定灯光布置的位置，模拟灯光的效果，确定所需灯光的种类和数量，以及现场需要的工作人员数量等。尤其在室外拍摄时，太阳的光线在每个时间段都不一样，灯光师和摄影师就要对每个时间段的光线进行考量，最后确定拍摄的时间，以及灯光的位置、需要补光或者挡光的角度等各种细节。

确定灯光的位置和使用数量之后，接下来就需要安排电力供应。在什么地方布置电源接口？需要多少功率的电力？需要多长的延长线？线路怎么安排？有哪些需要注意到的安全隐患？需要多少辆移动发电车？如何运输这些灯具？一系列问题都需要认真考虑，商量出一套完整的解决方案，并且需要备有预案。

6.5

室外的光线处理

影视剧组的拍摄有相当一部分都是在室外完成的，这是因为太阳的光线比较强烈，室外拥有足够的亮度来满足摄影机的拍摄需求。影视剧拍摄室外布光处理如图6-3所示。太阳光线是最有方向性的光源，我们既可以选择顺着太阳光线拍摄也可以逆光进行拍摄。太阳的光线随着时间的变化而变化，早上、中午和傍晚的光线都不相同，尤其是太阳的色温、太阳光的强度以及人和物的影子都会发生变化。

早上和傍晚的色温都会偏低一点，照射出来的人和物的影子比较长，轮廓比较鲜明，适合营造一种比较轻松的戏剧效果，例如爱情主题的场景。相比较而言，黄昏时候的太阳会发出温暖的金黄色光芒，这是很多摄影师最喜欢的光线，这段时间被称为"黄金时段"（图6-4）。很多漂亮的场景都是在黄昏的时候拍摄的，然而这段时间非常短暂，只有一个小时左右，有时候摄影师为了拍摄到这样的场景不惜花上几天来等待这样的光线。

1. 减少光比的反差

室外的光线有一个从刺眼到柔和的变化过程，是不同质感光线的混合物。直射的太阳光比较强烈，然而阳光从云层里穿过，或者通过地面或建筑物的反射之后，光线就会变得柔和、扩散。由于太阳光线的亮度太高，在很多时候光线照射范围内的景物和照射范围外的景物之间光比的反差很大。摄影师在拍摄的时候就要考虑如何消除这样的反差，比如使用一些特殊的滤镜来修正画面中光比反差过大的地方。

在室外拍摄除了太阳光线之外，人工的辅助光也是必不可少的（图6-5），使用辅助光也是解决光比反差过大问题的有效方法。一般都会采用大功率HMI灯、Kino灯这类高色温的灯，如果手头只有钨丝灯的话可以在灯头前加装蓝色的滤纸来改变色温。用这些灯给较黑的场景进行补光，可以减小光比的反差。

另外一个减小光比反差的方法就是在整个场景的上方悬挂大面积的柔光布（图6-6）或者其他使光线扩散的装置，这样可以减少阴影，营造出一种柔和、自然的场景。

在室外拍摄人物的时候也会给人物一些辅助光，比较简单的给人物辅助光的方式就是用反光板，反光板可以手持也可以固定在灯架上。反光板可以把日光反射到需要补光的位置，通常反光板的高度

图6-3　影视剧拍摄室外布光

要略微高于演员的眼睛，这是为了模拟自然光线的高度，这样会显得和谐。

在摄影机镜头前加装滤镜也是一种减小光比反差的方法。在太阳光线非常强烈的情况下，一般会使用"中灰滤镜"来降低光线的强度，使得能用摄影机的大光圈来拍摄小景深的画面。"UV 镜"有助于去除薄雾，能解决阴天或者雾天拍出来的画面偏蓝色的问题。"偏光滤镜"可以用来减少金属、玻璃以及水面的反射光。"低反差滤镜"可以用来降低光的对比程度。无论何种滤镜都会对成像质量产生一定的影响，但是这也是改善光线的一种最有效的方法。

2. 室外拍摄光线的连续性

在室外进行拍摄的时候，太阳光是主要的光线，一天中太阳的光线会发生变化，甚至每一天的太阳光线都会有所不同。我们在拍摄同一个场景的时候不一定会按时间顺序进行拍摄，有可能是在不同的

图 6-4 黄昏时分黄金光线的场景效果

图 6-5 室外拍摄时的人工辅助光

图 6-6　室外拍摄使用柔光布使光线变柔和以减少阴影

时间，如不在同一天，甚至在不同的星期进行拍摄。如此一来，我们就需要考虑光线的连续性问题了。如果想要后期呈现出的影像完美，就要保证每一个画面中的光线都能保持连续性。如果前一个画面中的光线是阳光直射的硬光，下一个画面突然变成了柔和的柔光，那观众就会感到奇怪。中午的阳光是直射的，照射在人身上几乎没有影子，但是上午或者下午的阳光是斜射的，照射在人身上会产生影子，如果拍摄的时候不注意也会让人产生误解。

太阳的色温也是一直在变化的，上午太阳的色温和中午、下午的都不一样，尤其是在下午4点以后，色温的变化非常快。如何在这个时间段里做到拍摄的画面色温都统一，就需要我们使用数字摄影机上的白平衡调节系统。这套系统能对大部分环境下的色温进行准确调节，使摄影机拍摄的画面色温保持一致。

如果要尽量避免光线引起的连续性问题，最有效的方法就是合理地安排拍摄的时间，把相同光线的场景安排在一起拍摄，并且避免在一天内不同的时间段拍摄场景相同的不同部分。

3. 夜景的拍摄

在影视作品的拍摄中夜景的拍摄不可避免。拍摄夜景是对灯光处理最大的挑战，因为拍摄夜景时是没有自然光线的，需要人工来布置光线。要想使布置的光线看起来符合自然的光线效果，就需要有丰富经验的灯光师在拍摄现场精心设计。首先，夜景的光线要有可信度。比如路边的灯光、月亮的照射光、家中的灯光、商店橱窗的灯光等，这些都需要用人造光来模拟，在布置灯光的时候要注意光线的角度和高度，要尽量接近生活中常见的灯光。其次，在拍摄夜景的时候要尽量避免让演员穿黑色的衣服，黑色的衣服在黑色的背景中会给灯光布置增加难度。夜景的灯光布置一定要考虑轮廓光，这样才能和黑暗的背景区分开来，使整个画面看起来富有层次感。

还有一种夜景的拍摄方法比较特殊，叫作白天拍摄夜景，也就是在白天拍摄夜晚的戏。我们可以在很多影视剧里看见这种拍摄方法。摄影师一般会把摄影机的色温调成3200K左右的低色温去拍摄高色温的场景，再把曝光值降低1.5~2.5档，在所有的灯光上加上淡蓝色的滤纸，营造一种月光的感觉，这样拍摄出来的画面就会有一种偏蓝色的质感，而在人们传统的认知里，月光下的光线会偏蓝色，如图6-7所示。

图 6-7 夜景布光效果，蓝色的滤纸
营造月光效果，橙色的滤纸
营造路灯效果

6.6

室内的光线处理

　　室内拍摄时对光线的处理是最为复杂的。室内
拍摄碰到最多的难题就是没有足够的空间让灯光师
布置灯光，尤其是很多室内场景的层高不够，灯光
难以布置到最佳的位置，而且由于空间狭窄，在拍
摄的时候很容易拍到灯光"穿帮"的镜头。所以，
现在室内场景的戏，很多都是在大型的片场里搭建
场景进行拍摄的。因为大型片场里空间较大，层高
往往都是十几米以上，其顶上安装有马道可以吊装
各类灯具（图6-8）。

　　用得最多的室内光线是反射光线，尤其是轮廓
光和辅助光。在室内布置光线会大量用到反射板，
让灯光照射到反射板上，再调整反射板的角度把需

图 6-8 大型摄影棚顶部马道

要光线的部分打亮，通过反射板反射的光线会变得比较柔和、均匀，尤其适合对人物的塑造。

很多片场顶部的马道下面都会有一块很大的白色柔光布（图6-9），可以将灯具架在马道上直接透过下面的柔光布投射出扩散、均匀且非常柔和的光线，这比较适合场景较大的画面使用。

1.混合式照明

在室内拍摄的时候，在一个场景里往往既有自然光线又有人造光线出现，这就是混合式照明。混合式照明在室内拍摄中是非常普遍的。自然光源的色温随着时间的推移会发生变化，而人造光源的色温则是恒定的，这样一来就会造成摄影机在拍摄的时候受到两种不同色温的光源影响，产生色彩偏差，如果这种偏差过大的话，会给后期的调色工作增加困难。通常解决混合式照明色彩偏差的方法有以下几种：第一种，使用目前逐渐流行的LED照明设备，这种设备可以调节色温的高低，选择与自然光源的色温接近的色温即可；第二种，如果现场拍摄没有可调色温的LED灯，只有低色温的灯，则可以将橘色85的滤色纸贴在阳光照射进来的地方，改变其色温；第三种，将蓝色的滤纸放在低色温的灯前面，使其色温接近自然阳光的色温，不过这样做也有缺点，即在灯具前加上滤纸会降低光线的强度。总之，在拍摄现场需要灯光师根据实际情况做调整，保证现场的光源色温基本一致，除非是拍摄需要刻意制造冷暖对比强烈的光线效果。

2.室内移动物体时的布光

在室内拍摄的时候演员经常会移动位置，这时的灯光处理就会比单一的固定场景困难得多。在拍摄前，摄影师和灯光师会进行走位的巡视，来确定演员移动的确切位置。例如，镜头前的演员从门口走进房间，再走到桌子前坐下。在整个过程中，灯光师要先确定演员开始走动的位置、走动的角度以及最后停下来的区域。在这个过程中灯光师需要对整个区域进行严谨、细致的布光，力求做到各处光

图6-9　摄影棚顶部的巨型柔光布

线平衡。

通常在有移动场景的情况下，灯光师都会选择用柔和、平均扩散的光线来为场景布光。这样可以避免场景内出现光线不均匀的情况。当我们拍摄一个演员靠近或者远离灯光的画面时，一般灯光师都会将半面柔光布加装在灯光上，半面柔光布可以挡住灯光的下半部分，而上半部分不会被遮挡，这样就可以使离灯光近的部分光线减弱，而离灯光远的地方则有一个较大的照度，使得这两个位置之间的空间光线均衡，这样一来演员如果走向灯光也不会造成光线过亮，使人物面部曝光过度。

三点式布光是移动打光最普遍的布光方法，主要使用主光、辅助光和轮廓光，并且使这三种光在照射的区域有光线重叠的效果，从而使得这些灯光在不同的区域有着不一样的作用。比如演员在走廊上行走时主要依靠主光，但是当演员走过走廊来到另一个区域的时候，主光就会变成轮廓光或者背景光。

在室内布置灯光的时候要特别注意避免阴影的出现。在一个场景内布置的灯光往往有好几种，灯光的数量也不少，很容易出现多重阴影。画面里有过多的影子出现会影响观众的视觉体验，尤其是在浅色的背景之下。灯光师有很多办法可以消除这些不需要的阴影，如可以通过调节灯光的角度来消除阴影，可以通过用黑旗挡光板或者遮扉来挡去造成阴影的光线，在拍摄时让演员距离墙壁远一点也可以避免阴影的出现，还可以对阴影出现的部分打一些扩散光来削弱阴影。改变光线的质感也是减少阴影的有效手段，我们知道光线越强，出现阴影的概率越大，所以只要扩散光线来产生无方向性、全面的照明，就可以消除或者减少大部分的阴影。

通常在开始拍摄之前都需要摄影师和灯光师仔细检查重要的区域是否有不恰当的阴影，还需要演员进行移动走位来观察是否有影响画面效果的阴影出现。总之，在拍摄现场提前布置灯光，做好所有的准备工作，才能保证拍摄顺利进行。

3. 多机位拍摄时的布光

在拍摄一些不可复制的场景的时候，一般都会考虑使用多机位来进行拍摄，这样能保证一次拍摄到需要的镜头。这个时候就要注意灯光的布置，既要满足特写镜头、近景镜头的需求，也要满足远景镜头以及各种角度镜头的需求。在布置多机位拍摄的灯光时大多用柔和的散射光线来照射整个区域。而灯光的用处就变得多样，例如一束灯光，它可能是一台摄影机的主光，同时也可能是另一台摄影机的轮廓光。在多机位拍摄时，最容易发生的就是摄影机的穿帮。在一台摄影机拍摄运动镜头时很容易把其他机位的摄影机拍摄进去，或者是拍到其他摄影机在光线下的影子。因此在进行多机位拍摄布光时，需要进行反复的走位练习，耐心、细心再加上丰富的布光经验，一定能很好地解决这一问题。

4. 拍摄抠像画面时的布光

现代数字影视剧十分重视后期特效，很多时候观众看到的场景并不是真实存在的场景，而是通过电脑后期合成的。在拍摄的时候演员在巨大的绿色幕布（或者蓝色幕布）前面进行表演，后期运用电脑技术把背景中的绿色或者蓝色抠出，再将其他的场景填充进去。

在绿色幕布前拍摄时要求灯光以柔光为主，尽量不要在背景上留下阴影。如果背景上出现阴影，使画面两边明暗不均，后期进行抠像的难度则会增加，往往导致抠出的图像不够干净。在现场拍摄的时候，一般会安排演员离绿色幕布远一点，并且会用轮廓光在演员的头发部位镶上一圈高光，这样可以清晰地分割头发和绿色背景，在后期抠像的时候比较容易抠出清晰且完整的画面。

5. 变化多样的灯光处理

灯光的处理效果变化无穷，通过光比、光质、光型、光位、光色以及光的强度等的布置可以营造出非常多的效果。在营造气氛的时候，灯光师一般会调节光比，也就是主光加上辅助光，例如，主光的光照强度为300尺烛光，辅助光的光照强度为100尺烛光，那光比就是3∶1。如果两者的光比为2∶1的话，就说明主光和辅助光之间有着一档的亮度差距。如果两者的光比为4∶1的话，就说明主光和辅助光之间有两档的亮度差距，8∶1就是三档，以此类推。亮度差距越大，对摄影机的宽容度要求越高。一些中低档的摄影机在亮度差距较大的环境下拍摄出来的画面就可能会丢失阴影部分里的细节。一般来说，如果使用中低档的数字摄影机拍摄，现场的光比尽量不要超过8∶1，也就是三档。

数字影视拍摄和摄影一样都具有调性，比如高调和暗调。在爱情剧、喜剧等轻松主题的影视剧中，我们经常使用高调的灯光布置。高调布光一般是用明亮的、均匀的光线，主光和辅助光之间的光比反差很小。高调光线拍出的画面给人的感觉是轻松、明亮、快乐的。与之相反的低调光线，主光和辅助光之间的光比反差就会较大，两者相差三档或者三档以上。与高调光的调性相比，低调光拍出的画面会显得阴暗、冷清、恐怖，这是在拍摄惊悚片、悬疑片、战争片、黑帮片的时候最常见的灯光布置。

光线的方向性、角度和质感也会给观众带来情绪冲击。从被摄物体的正面布置光线可以减少阴影的出现，如果是用扩散的柔光，那么照射在被摄物体的表面时，其表面会非常平滑。当从被摄物体的侧面进行照射时，则会在被摄物体的一侧产生清晰的阴影。侧光会使被摄物体显得比较立体，在拍摄人物时使用侧光会在人物的脸部投下阴影，有一种类似浮雕的感觉。这种表现手法被称为"伦勃朗光线"，这是因为这是著名荷兰画家伦勃朗最有名的表现手法。在很多黑帮电影中经常会用到顶光来对人物进行塑形，这种光线会在人物的眼睛下面投下浓重的阴影，让人觉得有一种不可捉摸的神秘感。

例如电影《教父》开场时的灯光就是以顶光为主，所有的人物都笼罩在神秘的气氛中。在电影《让子弹飞》中，张麻子、黄四郎和老汤谈判的一场戏也用了顶光进行拍摄，让观众觉得这三个人各怀鬼胎、高深莫测。

6. 未来影视灯光的发展趋势

随着数字摄影机的拍摄技术日新月异，现在的影视剧组在灯光使用上越来越精简，轻巧、便利、节能的LED灯（图6-10）逐渐代替了传统的大功率灯光，受到广大导演、灯光师和摄影师的青睐。现在的LED灯通过iPad终端就能够改变其色温、亮度、颜色等，大大节省了布置灯光的时间，也给了导演和摄影师更大的发挥想象力的空间。虽然现阶段LED灯还无法完全取代传统的影视灯具，但是可以预见未来的影视灯光会向着小型、轻便、节能、环保、操作简单等方向发展。

图6-10　影视拍摄用LED灯

变化多样的灯光处理

练习题

一、使用影视灯光进行三点式灯光的布置。

二、选择一部电影的3~4个场景，分析其室内和室外的布灯方式。

7 麦克风与
录音设备

1927 年第一部有声电影《爵士歌王》的出现，使得声音成为电影中不可或缺的重要元素。从默片到有声电影的转变，奠定了电影的基本体系，声音和画面完美融合，缺一不可。现在当我们看影视剧的时候，如果将把声音关闭仅仅看画面得到的信息和只听声音不看画面得到的信息相比较，会发现仅听声音不看画面要比仅看画面不听声音得到的信息多得多。由此可见声音在影视作品中的重要性。

我们在拍摄和制作影视作品的时候，要精心地给每一场戏、每一个画面配上合适的声音，这里面包括演员的对白、旁白、背景音乐、音效等。虽然现在的声音制作大多是在录音工作室里完成的，最后和影片声画合成为最终的成片，但是在拍摄现场的收声同样非常重要，它决定着整部影片的声音基础。

7.1

声音的概念

声音是由物体振动产生的声波，是通过介质（液体、空气或者固体）进行传播，能够被人和动物的听觉器官所感知到的振动现象。通常情况下，物体振动的频率越高，人的耳朵感受到的音调也越高，反之则相反。人的耳朵可以感受到的声音频率范围为 20~20 000Hz，高于 20 000Hz 的声音称为超声波，低于 20Hz 的声音称为次声波，这两种声音人耳都感受不到（图 7-1）。随着年龄的增大，人的耳朵能听到的声音频率范围会越来越小。

7.1.1 音量

声波的振幅决定了音量的大与小。振幅越大声音的音量就越大，振幅越小音量就越小，音量的单位称为"分贝（dB）"。两个人对话的音量是 50dB 左右，音乐会的音量是 100dB 左右，枪声的音量是 140dB 左右。我们把 120dB 称为"痛阈"，当音量达到或超过这个数值的时候，人的耳朵就会觉得不舒服甚至会感到疼痛。音量达到一定的强度能够被人的耳朵听到的最小声强被称为"绝对阈限"，简

次声波　　　人耳可听域　　　超声波

<20Hz　　　20~20 000Hz　　　>20 000Hz

图 7-1　声音的频率范围

称"听阈"。将各频率的听阈以线段连接，形成听阈曲线。将各频率的痛阈以线段连接，形成痛阈曲线。听阈曲线和痛阈曲线之间的范围，称为"听觉区域"。

人的耳朵对于声强的感觉受主观因素的影响。实验表明，两个声强相等，但是频率不同的纯音，人耳听起来的感觉并不一样。如果这两个频率的纯音的声级加倍，听起来也不是成倍地响。与此相反，两个频率和声级都不一样的纯音，有时听起来反而一样响。两位科学家——弗莱彻和蒙森测试了不同频率的声音在等响情况下与标准音（1 000Hz）对应的声级值，从而得出了著名的弗莱彻－蒙森等响曲线（图 7-2）。

这是一组在理论和实践两方面都具有重要意义的曲线。从等响曲线图中我们可以看到：①响度级随声强而变化，声强越高，响度级相应越大。②声强不是决定响度级的唯一因素。尽管声强相等，响度级却不相同。由此可见，频率也是影响响度级的因素。③不同的频率下，响度级的增长率各不相同，当响度级较低时，等响曲线的形状近似于听阈曲线，随着响度级的增加，曲线逐渐趋于平直。

7.1.2 音高

音波是以完整的周期来进行传播的，每一秒钟音波从一个周期开始传播到下一个周期开始的次数，就是音波的频率，频率的单位为"赫兹（Hz）"。假如一个音波每秒有 500 个周期，那么这个音波的频率就是 500Hz。男性声音基准音区的音波频率为 64~523Hz，而女性声音基准音区的音波频率为 160~1 200Hz。

音高是指声音的高低，是由发声体振动频率的高低决定的。低音有着较低的频率和较低的音高，高音有着较高的频率和较高的音高。

我们理解了音高和频率后，接下来在挑选录音用的麦克风的时候就会有针对性。每一款麦克风和录音机都有自己可以录制的最低音到最高音的频率范围，称为"频率响应"。如果需要录制人说话的声音，选择一款频率范围为 200~3 000Hz 的麦克风就可以了；但是如果要录制一场音乐会，就需要

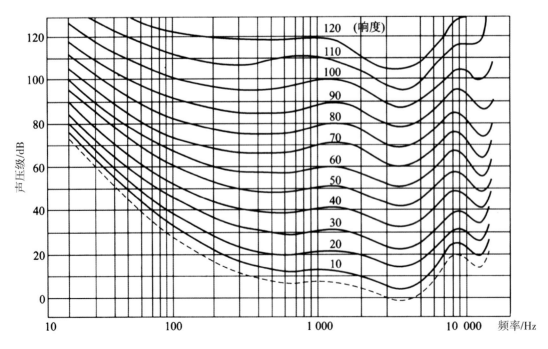

图 7-2　等响曲线

频率响应更广的收声系统，比较好的方案就是准备 20~20 000Hz 频率响应的收声系统。

7.1.3　音色

音色是人在听感上区别于具有同样响度和音调的声音的一种特性。比如同一种类的两样乐器，它们的品牌、制作工艺和材质不同，如果以同样的响度和音调进行演奏，人们还是可以通过它们之间的音色不同辨认出它们之间的差异。音色主要是由刺激的频谱来决定的，同时还和波形、声压以及刺激频谱的频率位置有关系。通俗地说，同一种类两样乐器之间音色的差别主要是由声音本身的成分不同造成的，除了所包含的分音数目及其强度的差异之外，各分音在建立声音和音感过程中细微的变化，也会引起听觉主观感觉上的音色差异。

在录制声音的时候，空间环境也会影响到音色。如果所有的录音条件均相同，那么在较大的房间里录制的声音就会比在较小房间里录制的声音空洞一点。而且收音用的麦克风不同，录制声音的音色也会不同。如果用不同品牌的两个麦克风同时录制，即使它们的频率范围和动态范围都相同，录制出来的音色也会有差异，录制出来的声音有的可能比较圆润，有的可能比较尖锐。所以我们在录制声音的时候要对麦克风有所挑选，选择一套最适合场景效果的录音系统是非常重要的。

7.1.4　音长

声音的另外一个特性就是音长，音长指的是特定的声音持续的时间长度。音长由"起音""衰减""持续"和"释放"四个部分组成。起音是声音由安静到全音量所花费的时间，衰减就是声音从全音量到持续音量的时间，持续就是维持音量的时间长度，释放则是持续音量到声音消失的时间。这四个部分组合起来就是音长。有些音长是可以控制的，例如我们在弹奏钢琴的时候，踩下声音持续踏板就可以增加弹奏该音键的时间长度，在演奏小提琴时，用手拨弄琴弦和用弓拉琴弦发出声音的长短也不一样。

7.1.5　音速

音速就是声音传播的速度。声音可以在空气、水、金属、木头等介质中进行传播，其在不同介质中传播的速度各不相同。以空气为例，声音在空气中的传播速度为每秒 340 米左右（表 7-1）。

表 7-1　声音在部分介质中传播的速度

介质	速度（m/s）
空气（温度 15℃）	340
空气（温度 25℃）	346
软木	500
煤油（温度 25℃）	1 324
蒸馏水（温度 25℃）	1 497
海水（温度 25℃）	1 531
铜	3 810
大理石	3 810
铝	5 000
铁、钢	5 200

我们在录制声音的时候，由于声音传播的速度相对而言并不快，因此如果我们用两个或者几个麦克风在不同的距离去收录同一个声源，就可能会收到相位不对的信号。这会导致其中一个麦克风收音的音波和另外一个麦克风收音的音波在音波周期上相差 180°，从而使得某些或者全部的声音被抵消，只有很小的音量甚至完全没有声音，这就是相位差形成的主要原因之一。所以，如果现场录音能够用一个麦克风完成，就尽量不要再增加麦克风。

但是，单个麦克风收音的情况在专业的录音场合中并不多见，尤其是在多声源的场合中。在这种条件下，声音相位的问题就变得十分复杂。一般可以采用"3∶1"定律（图 7-3）的方法，将大多数相

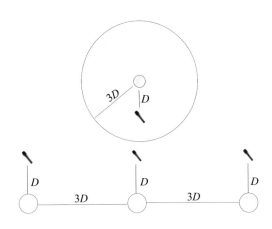

图 7-3　麦克风摆放 "3∶1" 定律的示意图

位抵消问题降到最低程度。简单来说，"3∶1"定律就是如果一个麦克风与声源之间的距离为 D，那就不能将其他麦克风放置在距离这个麦克风 3D 的范围内。

另一种情况也会造成相位差。当使用两个麦克风同时接收某一个声源的时候，如果输入同一通路中的输出增加，也就是声音变响，则说明这两个麦克风的极性相同；反之，则说明这两个麦克风的极性相反。这时只要将任意一个麦克风的极性反接就可以解决问题了。

7.2

麦克风（拾音器）

麦克风的指标除了频率范围、动态范围、音色等，还有一些非常重要的指标，例如麦克风的指向性、结构以及定位等。

7.2.1　麦克风的指向性

麦克风就其基本形式而言，可以归纳为"无指向性"（也称全指向性）、"双指向性"（8 字形指向）、"单指向性"三种类型。麦克风的指向性基本上以振膜的受力方式作为分类基础。通俗来说，就是压强式的麦克风具有无指向性，压差式的麦克风具有双指向性，而它们的组合则可以形成具有单指向性的压强 – 压差复合式麦克风。

在拍摄的现场，如果只有一个人或者两个人在对话，背景声音比较小，可以选择心形收音的麦克风。心形麦克风（图 7-4）是单指向性麦克风的一种。这种麦克风的收音方向就在正前方，在一个形

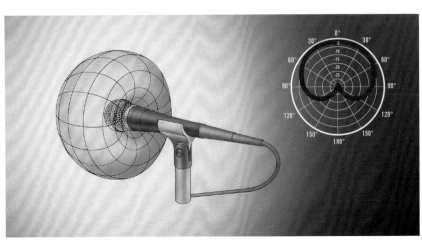

图 7-4　心形麦克风

状像心脏的范围内收音，它可以收录场景中对话人物的声音，而不收录心形收音区范围外的声音。这类麦克风是拍摄现场最常用的收音设备。

如果在拍摄一个比较大的场景，场景内有一大群人在说话时，就需要使用全指向性的麦克风（图7-5）进行收音。这类麦克风有着较广的收音范围，但是无法收录较远的声音，所以在使用的时候应该尽量靠近说话的人群。

有时候为了避免麦克风误入拍摄画面，需要在距离说话的演员较远的地方放置麦克风。这时可以选择指向性更强的超心形麦克风（也称强指向性麦克风，图7-6）。这种麦克风的收音范围要比心形

麦克风小很多，但是收音的距离要比普通的心形麦克风远很多。

当我们在收录具有立体声效果的声音的时候就会用到双指向性麦克风（图7-7），这类麦克风会同时收录左侧和右侧的声音，再把声音信号传输到复杂的回路上去，利用相位上的差别，产生左、右两声道的立体声效果。

7.2.2 麦克风的结构

在收音的过程中，一般会用到两种不同结构的

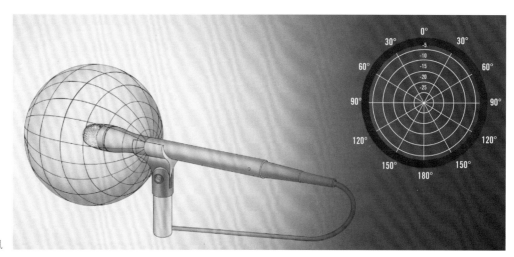

图 7-5 全指向性麦克风

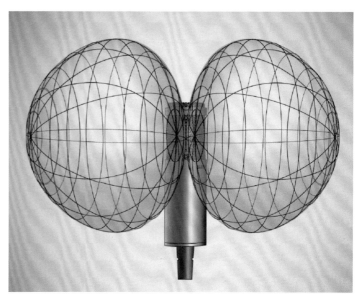

图 7-6 强指向性麦克风　　图 7-7 双指向性麦克风

麦克风, 即动圈式麦克风和电容式麦克风(图7-8)。

　　动圈式麦克风主要分为"压强式"动圈麦克风和"压强－压差复合式"动圈麦克风两种。动圈式麦克风的结构比较简单, 使用和维护方便, 可靠性高, 价格也比较适中, 而且动圈式麦克风的电声技术指标较好, 综合性能上占有十分明显的优势, 是目前使用最广泛的一种麦克风。

　　动圈式麦克风的工作原理是由振动膜、磁铁以及缠绕在磁铁上的线圈组成一个传声装置, 声音通过空气产生压力使振动膜发生移动, 产生的能量经过磁铁和线圈形成极小的电流, 经过放大器放大信号后发出声音。

　　电容式麦克风又称为静电式麦克风, 它和动圈式麦克风一样也有振动膜, 不同的是电容式麦克风是由一块金属薄片(振动膜)和一块金属后极板组成的。两者所形成的平板式电容器, 是这种麦克风的基本组件(振动元件和换能元件)。

　　电容式麦克风结构简单, 灵敏度高, 频率响应宽, 动态范围广, 音质优良。由于电容式麦克风需要电池或者外接电源进行供电, 因此比较适合在专业的录音棚中使用。在影视剧的后期配音阶段, 往往都会选用录音效果优良的电容式麦克风。

7.2.3　麦克风的定位

　　在影视作品的拍摄现场需要给麦克风一个准确的定位, 即利用各种工具来放置麦克风。最常用的工具就是吊杆, 即一根长的杆子, 杆子的长度一般可以调节, 可以将麦克风固定在杆子的顶端(图7-9)。吊杆的操作员会把麦克风放在演员的头顶上方, 并跟随演员的脚步移动麦克风的位置, 在操作的时候要尽量使麦克风与演员的距离保持一致, 以便取得一样响度的声音, 而且要时刻注意不要让麦克风出现在摄影机的镜头内。有一些吊杆会安置在带有轮子或者液压升降机的设备上, 方便麦克风跟随演员而移动位置。

　　还有一类隐藏式麦克风(图7-10)也是比较常

图 7-8

图 7-9　　图 7-10

图 7-8　各种类型的麦克风
图 7-9　拍摄现场的吊杆麦克风
图 7-10　隐藏式麦克风

用的，这类麦克风可以放置在布景中，比如花瓶、雕像、花篮等比较隐秘的道具中。但是在使用隐藏式麦克风的时候，演员基本上要固定在一个地方，不能移动。一旦发生位移，演员和麦克风之间的距离发生变化，录制的声音就会忽大忽小。如果在一个场景内演员比较多，而且吊杆麦克风比较少，那么多使用几个隐藏式麦克风是一个很好的选择。

领夹式麦克风（图 7-11），也被称为"小蜜蜂"。这是一种以调频方式来工作的无线麦克风，其没有长电缆线的束缚，可以夹在演员的衣领上，跟随演员大范围地移动。由于领夹式麦克风的收音头非常小，体积相当于人的小指头，因此夹在衣服上很难被人察觉。在录制多人访谈类节目时，选用最多的就是领夹式麦克风。

图 7-11　领夹式麦克风

7.3

插头和电缆

和麦克风相连接的插头和电缆有很多种类，在选用麦克风的时候要特别注意它的连接插头和线缆是什么种类的，是否可以和系统内的其他部件相匹配。尤其是插头，如果型号不匹配将无法连接后端设备，从而影响拍摄现场的收音。

7.3.1　插头的种类

麦克风的连接插头多种多样，主要作用是把麦克风连接到调音台或者录音机上。插头通常有"莲花插头"（RCA）、"卡侬插头"（XLR）和"BNC插头"等。莲花插头（图 7-12）的体积较小，中间是尖头，外面一圈为金属外环，属于非平衡插头。莲花插头的价格不高，经济实惠，但是传输信号的

效果不佳，如果长距离传输信号会造成严重的信号损失，而且容易产生杂音。

卡侬插头（图 7-13）是一种平衡插头，它由三

图 7-12　莲花插头（RCA）

个尖头和外环组成。其中两个尖头分别连接火线和零线，也就是正负极，还有一个尖头连接的是接地线（也叫屏蔽线）。卡侬插头有两种，一种是有三个凸起尖头的插头，称为"公插头"；另一种是有三个凹进去的圆孔的插头，称为"母插头"。这两种插头可以连接在一起，而且在插头处还有凹槽和锁扣用来固定。卡侬插头符合专业使用的标准，因为它的三个头可以连接平衡式电缆。

还有一种插头叫作 BNC 插头（图 7-14），它可以旋转上锁。这种插头的线叫作 SDI 线（图 7-15），是用来传输数字信号的，它的传输距离比较长，质量好的 SDI 线能保证 100m 左右距离的信号稳定传输。SDI 线多用在与摄像机的连接上，由于是用来传输数字信号的，所以这种线可以同时传输图像信号和声音信号，大大提升了设备连接的精简性。

一般来说，在进行专业的高品质录音时都会使用卡侬插头的平衡式电缆或者 BNC 插头的 SDI 线。但是在经费有限的情况下，也可以采用莲花插头的非平衡电缆来连接，只是效果会大打折扣。

7.3.2　平衡和不平衡的电缆

连接用的电缆是由电线组成的，可分为平衡式电缆和非平衡式电缆。前面我们提到的卡侬插头的连接电缆就是平衡式电缆（图 7-16）。如果把卡侬

图 7-13

图 7-14　图 7-15

图 7-13　卡侬插头
图 7-14　BNC 插头
图 7-15　同轴 SDI 信号线

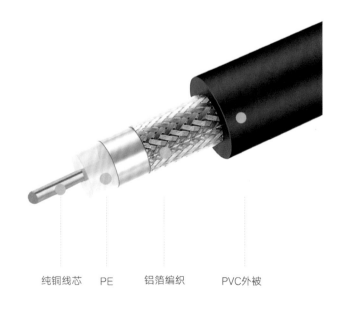

纯铜线芯　　PE　　铝箔编织　　PVC外被

图 7-16　平衡式电缆

插头的连接电缆剪开可以看到中间有红白两根金属线，分别连接正负极。外圈还有一层用金属丝编制成的网状线，这就是屏蔽线，用来接地线。因此平衡式电缆比较不容易受到外界的信号干扰，传输的信号品质较高。

　　非平衡式电缆只有两根金属线，一根连接正极，另一根连接负极和接地线。所以非平衡式电缆抗干扰的能力远远不如平衡式电缆，一般不会被用在专业的录音场景中。非平衡式电缆的价格非常低，经常被用在家用的录音设备上。

　　现代的影视制作现场都是采用数字信号，并且专业的数字麦克风能收录极细小的信号，所以需要使用抗干扰能力强的平衡式电缆进行连接并传输声音信号。

7.4

录音设备

　　在数字影像的时代，录音器材也基本实现了数字化，数字信号和电脑一样也是记录 0 和 1 的脉冲信号。数字信号在重复录制的时候不会降低声音的品质，且可以无限复制，增加了数字声音信号使用的广泛性。数字声音信号与传统的模拟声音信号相比显得更加锐利，清晰度也高很多。很多 HI-FI 音响的发烧友都会选择数字信号音源来听音乐，比如 CD、数字解码播放器等。当然也有一些人还是喜欢传统的模拟声音信号的温润感，不过模拟声音信号的噪声要远大于数字声音信号。

7.4.1　录音机的种类

　　录音机分为模拟信号录音机和数字信号录音机。模拟信号录音机用的存储介质为磁带。磁带式录音机是通过声—电—磁的相互转化记录声音的。声音的振动可以产生强弱变化的电流，电流又会引起周围磁场的变化，通过录音磁头把磁信号记录在磁带上就能把声音的信息记录下来。播放的时候，录有磁迹信号的磁带通过在放音磁头上的摩擦，释放出微弱的电信号，经过集成电路把这些电信号放大至一定的强度，有了足够的功率后再通过扩音器播放出来，就成了人耳能听到的声音。由此可见，放音的过程是磁—电—声的转化过程。

数字信号录音机是目前使用最广泛的录音机。数字录音相对于磁带录音而言不会受到杂音的干扰，其录制的音源品质非常高。数字录音是将声音的电平信号以二进制的方式进行存储，播放的时候再将数字信号转换为电平信号放大，最后通过喇叭输出声音。数字信号可以存储为多种格式，如 CD、MP3、WAV、WMA、FLAC、APE、TAK、PCM、AIFF、OGG 等数十种格式，这些格式的文件可以分为无损压缩音频文件、有损压缩音频文件、非压缩音频文件三类。

数字音频文件与以下几个项目的数值息息相关，如采样频率、压缩率、比特率、量化级等。

采样频率（图 7-17）指的是录音的设备在单位时间内对音频信号采样的次数。例如 44 000Hz，就是在一秒钟内对声音采集 44 000 个数据后形成一个声音的机械波。采样频率有 8 000Hz、11 025Hz、22 050Hz、32 000Hz、44 100Hz、48 000Hz、96 000Hz 等常用的频率。原则上采样频率越高，得到的声音效果越好，数据量也会越庞大。

音频的压缩率指的是对原始的音频信号 PCM 编码运用数字信号处理技术，在不损失有用的音频信息或者损失的量可以忽略不计的情况下，压缩其

图 7-17　声音的采样频率

码率。音频的压缩有两种方式，一种是无损压缩，另一种是有损压缩。它们的区别在于，无损压缩能够保证在 100% 保存音频信号的源文件的前提下，将音频文件的容量空间压缩得更小，压缩后的文件经过解压还原后得到的音频文件能够和源文件保持相同的大小和相同的码率。而有损压缩则是通过降低音频信号的采样频率和比特率进行压缩，解压还原后的文件要比源文件小。

音频的比特率也称为码率，是一种二进制位速率，表示单位时间内记录音频数据的数值。比特是电脑中最小的数据单位，一个比特指一个 0 或者 1 的信息量。它的计量单位为 bps。我们经常看到网络传输速度 kbps，就是表示每秒钟传输 1 024 比特。

音频的量化级指的是描述声音波形的数据是多少位二进制数据，通常用 bit 作为计量单位。例如 16bit、24bit（图 7-18）。16bit 量化级记录声音数据用的是 16 位二进制数，24bit 量化级记录声音数据用的是 24 位二进制数。量化级的大小决定了声音的动态范围，量化位数越多，代表声音的音质越高，但是它的数据量也越大。

图 7-18　音频的量化级

7.4.2　单系统和双系统录音

单系统录音指的是将声音和画面录在同一台设备上；双系统录音则是指把画面录在摄影机上，把声音录在另外的机器上。

在现代的影视视频的拍摄中，单系统录音和双系统录音都会被选用。单系统录音往往是在摄影机上安装收音设备，在录制画面的同时把声音也一起

录进摄影机内。所以单系统录音得到的画面和声音是完全同步的，在后期剪辑的时候，声音和画面同步的素材会方便剪辑师剪辑，使剪辑师不需要花时间去对画面和声音。

双系统录音则是把画面和声音分开录制，画面录在摄影机里，而声音录在录音机里。双系统录音最早用在胶片摄影上，因为胶片在录制启动的时候会有大约一秒钟的延迟，比声音要落后一秒钟。这使后期胶片的剪断和粘贴非常不方便。解决的方法就是把画面和声音分开录制，这个时候控制画面和声音同步的时间码就起了很大的作用。在数字摄影机内都有时间码的设置，精确到每一帧的画面录制，我们在第三章介绍了时间码的功能，时间码可以记录每一段素材拍摄的长度，并为这个素材贴上一个独立的标签。我们在录制视频画面和声音的时候，只要让两个时间码同步，然后在后期剪辑的时候对准两者的时间码，就能很容易地使画面和声音同步。双系统录音相对于单系统录音的最大优势是摄影师不需要在拍摄的时候花费精力去注意声音录制是否清晰，他只要把握好拍摄的人物动作和构图。至于声音的录制就由专门的录音师去控制，双系统录音是在专业的影视制作现场最常用的录制方式。

7.4.3　录音的方法

在数字影像的拍摄现场录音时，首先需要选择一套合适的录音设备，通常会选用带有 XLR 平衡式接口的录音机和带 48V 幻象供电的立体声麦克

风，以此保证能够得到清晰的声音。吊杆麦克风是录音现场最常用的麦克风，它不仅能录制演员的对白，还能够将现场的环境声一起录制进来。要知道一部影片要让观众有真实的感觉，环境音是必不可少的。为了得到高质量的对白声音，有条件的可以让演员佩戴隐藏式的麦克风。在拍摄的现场要注意拍摄设备、空调等机器发出的机械噪声，这些噪声会在很大程度上影响录音的质量。

在现场录音的时候特别要注意"叠词"的问题。当两个或两个以上的演员在对话的时候，要清晰地录制下其说的每一句台词，演员在搭词的时候不要出现叠词，就是同时说话。处理叠词的工作可以交给后期来进行，现场录音的时候只需要录制每个演员单独说话的声音。

专业的录音机一般都具有多轨录音的功能，例如几个人的对白，可以用一个麦克风将一个人的声音录在一个音轨上，再用另一个麦克风在不同的音轨上录另外一个人的声音。这样分开录的好处是在后期剪辑的时候，剪辑师可以对每一轨的声音单独进行剪切处理，或者控制单轨声音的音量大小，这对于后期剪辑来说是非常重要的。

7.4.4　录音设备和功能

专业数字录音机（图 7-19）的功能十分完备，它可以和专业的收音设备以及数字摄影机相匹配。通常专业的数字录音机都带有 XLR 平衡式接口，用来连接麦克风、混音台等配套设备。在控制面板上

图 7-19　专业数字录音机

还有播放、暂停、录音、快进、快倒、下一首、上一首、删除等操作按钮，可用来快速地回听录制好的声音。

在一些更为高端的录音机内还设置有均衡调节器。均衡调节器将 20~20 000Hz 的声音频率从低到高依次分为多个频段，常用的有 10 频段、15 频段、27 频段、31 频段等。操作者可以根据现场的声音效果对单独的某一个频段进行调整。例如，在某些场合需要对低频部分的声音进行调整，就可以通过调节低频部分的均衡器增加或减少低频的效果，在录制人物对白的时候可以在中低频部分对声音进行修饰。均衡器需要由专业的录音人员进行操作，他们受过良好的录音技术训练，有丰富的现场录制经验。

录音机上另一个功能是自动增益功能。在这个功能被打开的时候，录音机能够自动调节录音的音量，当录音人员需要精确控制声音的大小的时候，可以把这个功能关闭，通过手动的方式来调整录音音量的大小。

监听功能也是录音机上的一个非常重要的功能。监听功能主要有两个部分，一个是收听现场录音时的音量，实时调节音量的大小；另一个是回听录制完成的声音。现场录音师都会准备效果良好的耳机来监听。

练习题

一、分辨各类麦克风的功能，根据不同场合选择合适的麦克风。

二、分辨各种接头和连接线的功能，分辨各类麦克风的使用线材。

8 声音录制
的方法

声音可以传递很多信息，营造气氛，对于一部影视作品来说是极为重要的。因此对于每一个录音师而言，必须全力配合导演的工作，认真、细致，保证不出错。

现代的电影大多是以数字的方式录制的，声音也是数字音效，和传统的立体声效果相比，数字音效可以形成多声道的环绕立体声效果，常见的有AC3、DTS、THX 等。

AC3 就是 Dolby Digital 2.0（杜比 2.0），也称5.1 声道，分别是左（L）、中（C）、右（R）、左后（LS）、右后（RS）5 个方向的独立声道输出声音，另外还有一个超重低音声道，因为其频率范围只有标准声道的 1/10，因此又称作 0.1 声道，所以把 AC3 又称作 5.1 声道。AC3 效果下的声音可以让观众很明显地感受到声音的方向和变化，让人仿佛身临其境。Dolby Digital 的标志如图 8-1 所示。

DTS 是 Digital Theatre System 的缩写。DTS（图 8-2）和 AC3 在声音的处理上是完全不一样的。AC3 由于空间的限制需要进行大量的压缩，在音质上有不小的损失。DTS 则是把声音数据独立存储到 CD-ROM 之中，并且让声音和画面同步。所以DTS 格式的声音数据量非常大，而且可以保存不同语言版本的声音。

THX 是 Tomlinson Holman Experiment 的缩写。THX（图 8-3）其实是一种"产品认证"，它是卢卡斯影片公司针对商业电影院确定的一种体系认证。其目的是对电影院电影画面的亮度、均匀性、反差等级，以及声音的声压、声频响应、声道平衡度、房间混响时间、隔音要求等作出各种具体的规定。相对于 DTS 和 AC3 而言，THX 的声音平衡性更好，是电影院播放电影的标准。

图 8-1　Dolby Digital 的标志

图 8-2　DTS 标志

图 8-3　THX 标志

8.1
麦克风收音的要素

麦克风是所有声音录制所围绕的中心。麦克风收音的方式会决定声音的质感与效果。麦克风收音的要素有表现力、距离感、平衡性和连续性，这些要素会对对白、旁白、音乐、音效以及背景声等录制的一切声音起到至关重要的作用。

8.1.1　表现力

声音是否有表现力也就是真实感，取决于声音是否和画面相匹配，它可以决定观众在观看影片时听到的声音是否拥有现实生活中那种情境下的特质。例如，场景为一个喧闹的菜场，那么除了对白，还会有周边嘈杂的环境音。又比如在一个空旷的体育馆内，说话的声音就会带有回响。这些就是我们在收音的时候需要把握的一个十分重要的元素——表现力。

声音的表现力与拍摄场景的空间以及场景的布置息息相关。一般来说，大空间的声音效果要比小空间的声音效果更为活泼，由于空间大，声音在空间里经过反射、折射后与直达声混合在一起就会出现带有延迟效果的声音，这类声音听起来比较活泼，有些录音师把这种声音称为湿的声音。有时候我们觉得回响声音太大了需要收一点回响，就会在现场放置一些吸音的材料，如毛毯、窗帘、海绵（图8-4）等棉毛制品。在比较小的空间里，声音的反射和折射距离短，使得声音听起来会显得比较沉重，这个时候在空间里布置一些表面光滑的硬木板，或者水泥板之类的材料，则会使声音变得活泼一些。

麦克风摆放的距离也会影响声音的效果。麦克风距离发出声音的主体近，出来的声音效果便会沉闷，反之则效果相反。

8.1.2　距离感

声音的距离感和观众的主观听感有关。例如场景里两个人对话，一个人站在画面的远处，另一个人则是靠近镜头，这时两个人说话的声音要有很明显的区别，遵循远轻近响的原则，这样观众在观看画面的时候就能感觉到两个人之间是有距离的。

为了得到正确的声音距离感，在使用吊杆麦克风收音的时候就需要控制麦克风和发声体之间的距离。如果是远景拍摄，吊杆麦克风可以距离发声体远一点，这样可以得到比较轻的声音，但是注意不要把麦克风拍进画面里，避免出现穿帮镜头。如果是拍摄特写镜头，麦克风则需要离发声体近一点，距离越近，录制的声音越响。特写镜头取景的范围比较小，所以即使麦克风距离发声体很近也不容易被拍进画面。

如果使用领夹式麦克风或者台式麦克风收音，想要获得有距离感的收音效果就比较困难了。领夹式麦克风被夹在演员的身上，随着演员一起移动位置，录制的声音十分清晰和稳定，不会忽大忽小，所以领夹式麦克风适合录制演员固定不动的场景，例如固定机位的采访。而台式麦克风一般被固定摆放在演员的正前方，所以也只适合录制固定距离的声音。

还有一种隐藏式的固定麦克风，这种麦克风被放在场景的道具之内，摄影机是无法拍摄到的，如图8-5所示。可以安排演员移动使其与麦克风之间的距离发生改变，从而得到不同效果的声音。当然

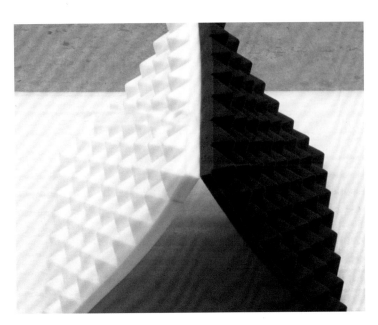

图 8-4　室内使用的吸音海绵

图 8-5 把隐藏式麦克风放置在道具花盆内

拍摄的画面只能是中景或者全景，能在画面中体现出演员移动的距离，如果是拍摄移动的特写画面，这种录音的方式就不适合了。

8.1.3 平衡性

录音的平衡性是指声音在环境中的相对音量。在现实生活中，人类的听觉系统可以有选择地去接收要听的声音，例如在一个十分嘈杂的环境下，两个人进行对话，人的耳朵可以很清晰地听到对方的声音，嘈杂的环境音会被人的听觉系统减弱。听觉系统会随着人的注意力的集中对重要的声音进行放大。但是麦克风并没有人的耳朵那样的功能，在收音的时候如果现场声音嘈杂，可能收录到的声音就是混淆不清的。

为了达到收音平衡的效果，一般在录音现场会选择心形麦克风，因为心形麦克风相比其他麦克风最接近人耳的收音系统。通常来说，场景中主要声音的音量要比次要声音的音量大。演员的对白是主要声音，背景音、环境音是次要声音。在收音的现场可以准备两到三个麦克风，分别对主要对白的演员和环境音进行收音，在后期进行声音编辑的时候，通过声音剪辑软件对每一个麦克风收录的声音的单独音轨进行调整，根据场景的内容，来满足声音的平衡。

8.1.4 连续性

声音的连续性指的是在同一个场景中连续镜头的声音要一致。声音的连续性和画面的连续性同样重要，例如两个人在酒吧对话，酒吧里正放着音乐，无论画面是切在哪一人脸上的中景还是特写，背景里的音乐始终不能停，要保持连续。再例如一个人走楼梯去一个房间并用钥匙打开房门，这时伴随画面的有脚步声、拿钥匙的声音、开门的声音，此时无论画面是发出声音的开门人，还是房门里面人的反应镜头，这一连串走楼梯和开门的声音都要保持连续性。

如果同一个场景的镜头不是在一天内完成拍摄，而是隔了几天再拍，这时就要注意麦克风摆放的位置是否和第一天的位置一样，如果位置不一样，录制的声音的音量则会有所不同。在实际的拍摄过程中，每一个场景用的麦克风并不完全相同，比如录一个人边走边说话的声音，我们可能会选用领夹式麦克风来进行收音，但是当换到另一个场景的时候，我们可能会用吊杆麦克风来收音。如此一来录制的声音肯定会有不同，所以我们在选择麦克风时要尽量选择频率范围、动态范围等音质特性相近的麦克风。在录音的时候要尽可能将每个演员的对白单独录制一轨声音，以便后期调音师对每一个声音进行细致的调整。

如何去除杂音

在拍摄现场进行录音，杂音是不可避免的，这些杂音会影响整体声音的音质。如果在室内拍摄，空调声就是一个杂音，在炎热的夏天进行室内拍摄的时候需要摄制组的所有人员克服困难，尽量不要开空调，保证录制的声音是高品质的。当然这只是对专业的影视制作有这样的要求，对学生作品的录音音质并不需要要求如此严格。

在室外录制的时候产生杂音最多的就是风吹的声音。风吹的声音基本上都是低频率的，所以虽然人的耳朵对风吹声并不太敏感，但是如果麦克风在收录声音时将风吹声录了进去，那么在播放麦克风所录声音时风吹声就会变得十分明显。通常消除风吹声所带来的影响的办法就是在麦克风外面加一层防风罩，这样可以有效地降低风吹对收音的影响。

专业的录音师在录音的时候会将一套均衡器（图 8-6）安装在麦克风的后端。我们在前面的章节提到过均衡器可以对声音进行修整，同样在录音的时候使用均衡器也可以消除录制的声音中的杂音。

比如我们在录制吉他等高频乐器发出的声音的时候若有其他的低频杂音进入，那么就可以通过均衡器的低频段滑杆来控制部分低频信号的录制，反之，如果主要录制低频段的声音，也可以借助均衡器来对高频部分进行控制。均衡器的路数有 8 路、12 路、16 路、24 路、36 路等，均衡器的路数越多，对声音的频段控制越细。

图 8-6　录音用均衡器

在影视作品的早期筹备阶段，录音师要跟随导演、摄影师一起对拍摄现场进行勘景，这一步十分重要，可以在勘景的时候确定麦克风收音的位置，以及对有可能出现杂音的部分预先制订好解决方案。

如何录制声音

对白是一部影视作品里所要录音的最重要的部分，对白的占比非常大，往往贯穿整个影视作品，所以在现场录制对白的时候要提前了解拍摄场景，选择合适的麦克风，并规划好麦克风摆放的位置，测量好麦克风与演员之间的距离。尽量把所有的对白都录完整，因为如果有遗漏事后再去补录会十分麻烦，并且补录的效果肯定和第一次录的效果有较大的区别，这样会给进行后期剪辑的音频师的工作增加难度。

8.3.1 选择合适的麦克风

选择一款合适的麦克风是整个收音过程的第一步，也是最重要的一步。在影视剧的录制过程中最常用的是心形麦克风，这种麦克风可以录制演员的对白，还会带着录制一定范围内的环境音。全指向性麦克风适合在拥挤的场景里收录整个区域的环境音。强指向性麦克风可以针对某一个狭小区域的发声体进行录音，但是在使用强指向性麦克风的时候要注意不能把这种麦克风放在噪声极大的物体的后方，不然它会造成声音的压缩，把噪声的音量提升到一个不能接受的音量范围。强指向性麦克风一般用于录制乐队乐器的声音，比如乐队的钢琴、小提琴、萨克斯等的声音。

有两种不同结构的麦克风可供选择，一种是动圈式麦克风，另一种是电容式麦克风。动圈式麦克风比较耐用，可以用于各种场合，种类也比较齐全，有吊杆式、台式、隐藏式、领夹式、无线式等，可根据不同的录音需求挑选合适的类型使用。相对而言，电容式麦克风所录声音的音质要高于动圈式麦克风，其主要用于在录音棚里收录对音质要求比较高的声音，比如配音、歌声、乐器声等。

8.3.2 准确布置麦克风

在拍摄现场布置麦克风需要在灯光和摄影机布置好之后进行，这样可以避免把麦克风拍摄进画面，也可以避免灯光照射到麦克风上投出的阴影被摄入画面。最常用的吊杆麦克风应该摆放在演员的上方，并且麦克风要对准演员的嘴巴部分，操作吊杆麦克风的工作人员需要随着演员的移动而改变吊杆麦克风的位置，要尽量保持麦克风与演员之间的距离一致。

为了避免吊杆麦克风被摄影机拍摄进画面，可以在吊杆麦克风防风罩的最前端做一个标识，例如缠上一圈白色的绷带，一旦吊杆麦克风被摄影机拍摄进画面，摄影师马上就能发觉，并提醒吊杆操作员及时调整麦克风的位置，如图8-7、图8-8、图8-9所示。

图 8-7　麦克风位置过低被摄影机拍摄进画面

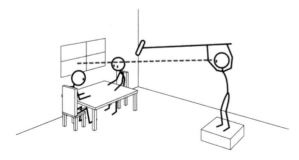

图 8-8　麦克风穿帮视线示意图

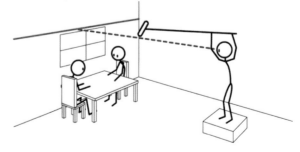

图 8-9　操作吊杆麦克风的工作人员确定吊杆高度目标，控制好吊杆

在放置隐藏式麦克风的时候注意不要将其放在拍摄时会移动的演员或者物体前面，以免造成收音音量的不稳定。领夹式麦克风通常会被放在离演员嘴部20~30cm的位置，在放置的时候注意不要让领夹式麦克风的收音口与衣服接触，否则演员在说话的时候稍微有点动作就容易使麦克风和衣服摩擦从而产生噪声。如图8-10所示，可以使用胶带配合毛料的垫片将领夹式麦克风安置在领带或领结后面，也可以直接将其贴在皮肤上。

8.3.3 录制特殊对白

演员在念对白的时候会有一些特殊的情况发生，比如两个或者多个演员在对话，每一个演员说话声音的音量都会不同，有些人说话声音十分响亮，而有些人说话声音就比较轻，这时就要考虑使用吊杆麦克风移动收音。对于说话声音比较轻的演员，可以尝试让麦克风离演员近一点以获得比较大的音量。不过拍摄中麦克风距离演员过近的话有可能会穿帮。另一个解决的办法就是把镜头分开拍摄，给说话声音比较轻的演员单独拍摄一组镜头，拍摄的时候要注意调节吊杆麦克风的角度避免其误入摄影机镜头，或者换更靠近演员嘴边的隐藏式麦克风或领夹式麦克风进行收音。

当然在人比较多、场景比较复杂的情况下，录制

对白时，最好为每个演员单独配一个麦克风，录音师可以在现场收录声音的时候根据效果对每一轨声音的音量和音质进行调节，这个时候均衡器就可以起到很好的作用，保证录制的声音能达到导演的要求。

8.3.4 录制旁白

旁白和对白的录制方式是不同的。旁白通常在录音棚里进行录制，所以不涉及与画面同步的问题，可以大段大段地录制（在录音棚录制旁白时使用的电容式麦克风如图8-11所示）。我们在影视剧中听到的旁白一般都是对剧情进行解释和铺垫，暗示人物的内心想法，表达人物的某种意识，评论画面中发生的故事等。尤其在一些历史题材的影视剧中会用到大量的旁白来对影片中某个年代发生的事情进行描述。

在录音棚里录制的旁白对声音的质量要求非常严格，录制旁白的配音演员在录音的时候手上一般会拿着配音稿。配音稿不能装订成一本册子，最好是一张一张可以分开的纸，不然在翻页的时候发出声音会影响录音的质量。配音演员读完一张稿纸后要将稿纸轻轻地放在一边，一张稿纸上的一段段语句需要是完整的，要避免断句，不然会影响配音的流畅度。还有一种比较好的办法就是把配音稿放在透明的塑料封套里，这样也能避免换稿纸时发出声音。配音演员在配音的时候嘴巴和麦克风之间的距

图8-10　将领夹式麦克风放在领结后面

图8-11　在录音棚录制旁白时使用的电容式麦克风

离要保持恒定，不要因为看稿纸而改变嘴巴和麦克风的距离。

8.3.5 录制音效

影视剧的音效很多都是在后期剪辑的时候加上去的，不过也有一些是在拍摄的时候同步收录的，比如一些与画面同步的音效，例如关门声、风吹铃铛发出的声音、在沙地里或者雪地里走路的脚步声。这些画面对声音的音效同步要求比较高，稍微有一点音画不同步，观众就很容易看出问题。所以在拍摄这些画面时，最好将这些音效同步收录，当然如果现场没有条件同步录音的话，在录音棚里也可以通过拟音的办法模拟出相似的音效。比如将淀粉装在布袋里用手捏，可以模拟出在雪地里走路的声音；将大米或沙子撒在放食物的盘子上，可以模拟下雨的声音；油炸食物的声音可以用将湿布放在滚烫的铁器上面来进行模拟；在灌木丛里行走的声音可以用手揉搓稻草扫帚来模拟；用吸管在水里吹气，可以模拟发出气泡的音效；刀劈的音效可以用将树枝在麦克风前快速扫过来模拟；剑与剑撞击的声音可以用琴弦和金属撞击来模拟。总之现代影视作品中的很大一部分音效都是在录音棚内依靠各种道具模拟出来的，所以拟音师这个职业是一个非常具有创造力的职业。

8.3.6 录制环境音

所谓环境音就是在后期合成的时候根据不同的场景加入的符合场景要求的噪声。在真实的自然世界里无论何时何地总会有一些环境噪声存在。为了使影视剧更加真实，需要在合适的时候增加环境音。例如一场在河边的戏，环境音里一定会有河水流淌的声音。如果是一个喧闹的城市的场景，环境音里就需要加入一些来往汽车、行人等发出的声音。如果是在工厂车间里，就会有车间里嘈杂的背景声音。在收录每一个场景的声音前都要充分研究应该录制什么样的环境音来配合该场景。

还有一种容易被忽略的环境音就是背景人声。例如场景为一个酒吧里，在这个场景中，如果仅仅有演员的对白和音乐的话会显得不符合实际，因为通常在酒吧里还会有其他人的说话声，但是这种说话声是听不清楚内容的，所以要有让观众听起来是很多人用不同的语速、语调说话的声音。但是这个背景人声不能压过主演的声音，音量大小的掌握是非常考验音频师技术的。通常这类声音需要录音师在现场安排几堆人交谈说话，把他们说话的声音录制成不同的音轨，后期合成的时候把这些音轨上的声音合成在一起，形成一个类似酒吧人声的环境音。

录制环境音对麦克风的要求不需要太高，能达到一般录音指标的心形麦克风都可以满足要求。录制环境音的时候要尽量录久一点，以便后期的音频师有足够的素材进行编辑。

8.3.7 录制影视音乐

影视剧的音乐是一个非常重要的部分。自从有声电影问世以来，电影的音乐效果和视觉效果一起带给观众完美的听觉和视觉享受。正是因为有了音乐，电影才有了自己的灵魂。很多时候我们听到一段熟悉的电影音乐，马上就能想象到该部电影的画面。比如电影"星球大战"系列的音乐、"碟中谍"系列的音乐、"007"系列的音乐。这些电影的音乐很多都成了经典曲目，引得各大乐团在舞台上争相演奏。

录制电影的音乐时可以选择用一个麦克风进行乐团现场的收音，不过仅用一个麦克风只适合于个人或者小型的演奏团队的声音收录，如果是大型的管弦乐团演奏的音乐就不能只用一个麦克风进行收音了。要非常谨慎地摆放麦克风，尽量安排每一种乐器的声音均用一个或几个相同的麦克风来收录，并且收录在不同的音轨上。还需要考虑各种乐器声音之间的平衡，麦克风摆放的位置和与乐器的距离都需要反复测试。

总之，影视录音是整个影视制作中十分重要的环节，需要单独成立一个团队来完成这项庞大的工程。

练习题

一、根据不同的场景选用合适的麦克风。

二、完成两个场景（室内和室外）的声音录制训练。

9 如何当一个数字高清影像的导演

9.1

导演是什么

在全球电影产业的发展过程中，形成了两种主要的电影制作模式。一种是制片人中心制，以好莱坞大制片厂制度的鼎盛时期（指 20 世纪 30 年代到 60 年代，也称为经典好莱坞时期）为代表。导演是制片人的雇员，在前期筹备阶段和后期制作阶段，导演几乎无权参与。即使是著名导演，也会因为与制片人或大明星意见不合而被开除。另一种是导演中心制，这在我国、欧洲多国、苏联普遍存在，这些国家更加尊重导演的艺术性和专业性，因此导演对影片具有更多的话语权和控制权。从发展趋势来讲，导演的重要性越来越受到认可和推崇。好莱坞的制片人中心制遭遇过两次重大的挑战，使得导演的地位日益重要。20 世纪 60 年代在欧洲勃兴的新浪潮和"作者论"强调了导演的艺术创造力的重要性，好莱坞电影领域也逐渐出现了具有个人风格的著名导演。而独立制片人的逐渐兴起，则在制片模式上挑战了好莱坞的大制片厂制度。电影数字技术的出现，引发了电影领域轰轰烈烈的革命，其中一个结果是小成本制作的电影也可以成为优秀的作品，甚至顶尖的作品，独立制片的规模逐渐壮大起来，导演身兼制片人、编剧数职的情况也越来越多。如今，无论是在我国，还是在美国和欧洲各国，导演的中心地位都一再被强调，甚至可以说，导演如今已位于电影等级制度的巅峰。

导演是将以文字为表达形式的剧本转化成视觉影像（镜头）的关键人物。无论是在艺术层面，还是在拍摄执行层面，导演都是团队的灵魂和领导者。对于导演工作的重要性，我们常这样打比方：如果把影片的集体创作比喻成一个交响乐队的话，导演就是这个乐队的指挥。制片人、摄影师、灯光设计师、音响设计师、置景设计师、作曲人、编剧以及演员都为完成一部作品贡献着自己的技术和艺术力量，而导演必须把专业不同、才华各异的个人整合成一个创作的团体，并且使其具有统一的声音，从而顺利完成作品。也就是说，导演的理念要在电影制作的各个环节得到体现。试想，如果一部严肃的现实主义的作品，在表演上却是浮夸肤浅的，或者在置景上是抽象潦草的，那么该作品将无法实现"艺术的假定性"，而成为失败的作品，甚至是笑谈。

导演的工作非常复杂，而且专业性很强。导演的专业素质、艺术修养和个人特点，常常决定了影片的专业和艺术水准，因此导演研究是电影研究的一个重要分支。导演的工作大体分为以下几个方面：与主要创作人员研究和分析剧本；选择合适的演员；选择外景或指导搭建室内景；指导道具组完成道具的准备和布置工作；完成分镜头剧本；指导现场拍摄工作；指导拍摄现场的灯光部门、剧务部门、演员部门、摄像部门、录音部门、美术部门、化妆部门、服装部门等各部门工作；指导后期制作。

剧本研究

随着数字化电影和短视频的兴起，导演和编剧是一个人的情况越来越多，但是目前占大多数的情况依然是导演和编剧由两个人担任，导演部分参与或者完全不参与剧本的编写工作。剧本不是一个最终形式的艺术品，导演必须依据剧本进行视觉上的转化，有时候对剧本进行修改和重写也是有必要的。鉴于影视作品制作成本高昂且创作具有一次性，其也无法像舞台剧一样首次演出后根据观众或者专家的意见进行重排，因此所有的工作都要在剧本的不断讨论和演员的预演过程中完成。剧本研究初步的任务是确认剧本是否成熟到可供拍摄使用，或者是否适合导演以个人的风格去拍摄；更重要的任务在于依据剧本，形成明确的导演思维，建构以视听语言为载体的表现体系。

剧本研究的主要工作内容可分为以下三个方面。一是明确剧本里故事的情节、冲突和结构。导演要思考以下问题：这是否是一个好故事，能否引起观众共鸣，是否存在结构上的问题。尤其是故事片，故事的结构非常重要，而且有约定俗成的标准。如果存在问题，要对故事结构进行修改。导演可以通过撰写分场大纲、情节大纲和故事前提对故事进行研究。二是角色分析，剧本中人物的刻画往往蕴含深意，需要导演和演员去挖掘冰山隐藏在水下的大部分内容；要分析人物对白，为角色设计动作，以及思考如何更生动、更深刻地去演绎人物。另外，导演还要慎重选择与角色相契合的演员。三是故事空间分析，要分析故事发生的空间应该是什么样的，如何用空间塑造引导观众更好地进入故事中。在思考如何将故事转化为视听语言的这个过程中，导演的创作理念逐渐形成。

在剧本研究这个环节，导演要确保对剧本的阐释完全成熟，等到在拍摄后的剪辑环节再试图修正影片就比较困难了。而且在大部分情况下，依靠后期剪辑无法弥补前期剧本的不足。

在剧本研究过程中，制作团队全体成员一起讨论剧本，每个成员均充分表达自己对剧本的理解，是非常重要的。在进行开放性的充分讨论之后，再寻求团队统一的阐释和创作理念。这样既能激发每个成员的创造力，让导演加深思考，又能让每个岗位上的工作人员有参与影片创作的自豪感，从而在拍摄时更加认真负责。

最后一点，导演对剧本故事情节和结构等进行较大的改动时，应征得制片方和编剧的同意。关于对剧本进行修改后，导演是否署名、是否取得报酬的问题，导演应该与编剧达成一致，否则可能引起知识产权方面的纠纷。

9.3

导演理念

导演理念也可以称为导演思维。在研究完剧本之后，导演对故事有了成熟的阐释，那么接下来便是视觉化故事的过程。这个过程，其实也是创造性地使用视听语言、塑造独特电影时空的过程。在这个过程中，导演思维的运作主要包含以下几个要素。

9.3.1　景别

导演首先要考虑的是一个镜头使用的景别。

通常可供选择的景别有远景、全景、美国中景、中景、近景、特写和大特写。不同景别的表现力不同。

远景可以用来交代故事发生的地点，传达信息；也可以用来带领观众进入一个新的场景。远景画面如图9-1所示。

全景可以交代信息，同时也能用来表达多个人物，尤其是可以交代人物之间的位置关系和大致的情绪状态。全景画面如图9-2所示。

美国中景也称四分之三镜头，或者膝下镜头，通常在摄影棚内拍摄的时候使用。在现在的电影

图9-1　学生作品中的远景画面

里，室内的全景经常和美国中景相互替代（也就是说，看成一种景别的镜头）。美国中景画面如图9-3所示。

中景表现范围比较广，从大腿到胸部以上的构图，都被称为中景。中景既可以表现多人，也可以表现两人和一人的情况。在谈话镜头中，中景使用比较多。中景画面如图9-4所示。

近景和特写用于表现人物的情绪和内心世界，强调戏剧性。如图9-5所示。这时导演希望引导观众将注意力放在演员的面部表演上，不被空间或者物体分去注意力。

大特写是指演员身体某一部位的镜头，在视觉上具有强烈的冲击力，用来大力强化戏剧重点。大特写画面如图9-6所示。

图 9-2　学生影视作品中的全景画面

图 9-3　学生影视作品中的美国中景画面

图 9-4　学生影视作品中的中景画面

图 9-5　学生影视作品中的近景画面

图 9-6　学生影视作品中的大特写画面

9.3.2 摄影机的位置

摄影机摆在较远还是较近的位置，代表了导演对被摄物体所持的态度。通常情况下，较远的位置代表着客观性，较近的位置则代表着更多的主观性和接近性。导演也可以选择不远不近的机位，代表一种中立的态度。

更多的情况下，导演对机位的选择是深思熟虑过的，具有主观性。导演通过摄影机这个代替观众"眼睛"的机器，引导观众感受人物的情绪、认同主要人物，左右观众的观影体验。

9.3.3 摄影机的高度

摄影机的高度有三种选择：平视、低机位仰拍和高机位俯拍。平视和稍微仰拍是拍摄主要人物常用的高度。明显的仰拍或者俯拍可以赋予意识形态的含义，比如政治性、强弱关系、导演对人物褒贬的态度等。

9.3.4 摄影机的运动

尽管摄影机的运动可以带来激动人心的视觉效果，也是制造"电影感"的重要手段之一，导演还是要认真思考，一个镜头究竟是该用固定镜头拍摄，还是该用运动镜头拍摄。运动镜头的滥用，也是导致影视作品艺术水平低劣的常见原因之一。如果需要稳定感，或者需要表达角色的细微情绪，应该选择用固定镜头拍摄。使用运动镜头拍摄需要有明确的导演意图，要适合故事情节的表达，而不是运动镜头越多越有"电影感"。

运动镜头分为两大类：一是将摄影机安置在三脚架上的运动镜头，二是手持摄影镜头（变种是使用了斯坦尼康等稳定装置的手持镜头）的运动镜头。借助轨道、升降机等辅助拍摄设备，使安置在三脚架上的摄影机可以拍摄摇/移镜头、推/拉镜头和变焦镜头。手持摄影镜头有利于塑造在场感和不稳定感；借助稳定器拍摄的手持镜头，有一种流畅的美感，在近几年的电影中，常被用来制造镜头的"呼吸感"，备受导演和摄影师的青睐。

9.3.5 灯光、美术和声音设计

灯光和美术设计对塑造影片的基调非常重要，也是导演体现个性化导演思维的重要手段。比如西班牙导演佩德罗·阿尔莫多瓦的影片《不良教育》中，主人公虽然处于悲惨的状态，但是导演采用明亮的灯光和鲜艳的色彩来营造积极乐观的电影空间，以缓和故事带来的压抑感觉。这种灯光和美术设计透露出导演对人生的积极乐观态度。

声音是画面之外的第二语言系统，声音与画面相配合形成了电影的表达系统。声音设计包含对白、环境音和配乐三大类。声音设计师经常调侃自己的工作是"用好的声音设计让观众觉察不到设计的存在"，这也说明了大部分情况下，声音设计的要求是自然和真实，也就是自然地运用。恐怖片和悬疑片里的声音设计有其类型片的标准和要求。有的导演也会对声音进行戏剧化运用，这也是其导演风格的重要组成部分。

导演思维的运作还有其他两个关键的要素，即剪辑和演员的表演，另有章节对此进行详细叙述，在此不再赘述。

在拍摄前，导演应完成文字性分镜头脚本的编写。如果条件允许，自己或者请专人绘制故事板（storyboard），对拍摄会有很大帮助。

分镜头脚本的常用格式举例如表9-1所示。

表 9-1　分镜头拍摄脚本常用格式

《××》短片分镜头拍摄脚本

导演：××

场景 1，地点：小镇商业街，外景；时间：白天；人物：女主和男主

镜号	景别	固定 / 运动镜头	持续时间	主要内容	台词	布景 / 道具	灯光	声音	备注
1	全景	手持跟拍镜头	15s	跟拍人物逛街	无	商业街	白天自然光	环境音	暖色调
2	中景	固定镜头	4s	女主和男主在商铺前交谈	女：×× 男：××	手账店铺	两个大灯	台词、环境音	
3	近景	推镜头	3s	女主 ×× 的表情，女主旁白	无	无	两个大灯	旁白、环境音	
⋮									

场景 2，地点：公寓客厅，内景；时间：晚上；人物：女主

镜号	景别	固定 / 运动镜头	持续时间	主要内容	台词	布景 / 道具	灯光	声音	备注
1	特写	固定镜头	1s	枯萎的玫瑰花	无	玫瑰花	物件布光	环境音、配乐	冷色调
2	特写	固定镜头	1s	地上散落的手账纸张，×× 铁塔	无	手账	物件布光	环境音、配乐	
3	特写	固定镜头	1s	撕毁的飞机票	无	飞机票	物件布光	撕飞机票音效	
4	全景	固定镜头	5s	客厅全景，女主侧影	无		人像布光	环境音、呼吸声	
5	中景	固定镜头	3s	女主头埋进胳膊里	无		人像布光	沉重呼吸声	
⋮									

9.4
如何与制片沟通工作

导演与制片（制片部门）的充分沟通对拍摄工作的顺利进行至关重要。拍摄前，在制片会议上需要沟通确定的事项有以下几个方面：拍摄的日程安排，预算，设备清单和租用，备用应急方案。

要制定出时间最短并且切实可行的拍摄日程，因为工作的天数直接影响拍摄的费用；同时也要为突发事件预留时间。通常情况是根据场景地所在的位置、全体演员和工作人员的时间便利性来安排拍摄。布光会花掉很多时间，因此要避免给相同的布景重复布光。同一个场景地的镜头，一般是安排在一起进行拍摄。所以，剧本里的故事顺序，在拍摄时通常是打乱的。也有根据剧本安排拍摄顺序的情况，比如场景变化很少的室内戏，或者以即兴创作为主的作品。

无论遇到什么突发状况，剧组都应该有相应的应急拍摄措施。有经验的导演通常优先考虑外景戏的拍摄，将其安排得较为靠前，以防各种原因而延后拍摄。一些内景戏则是作为替代计划，当外景无法拍摄时，可以利用这个时间拍摄内景戏，以免耽误拍摄进度。

拍摄计划表常用格式举例如表9-2所示（以学生作品10分钟的短片为例，预算10万元人民币以内）。

表 9-2　拍摄计划表

《××短片》拍摄计划										制表人：张×× 20××年/×月/×日
备注：拍摄地××镇，拍摄时间×月×日—×月×日，共×天×夜										
场号	场景名称	日/夜	内/外	角色	镜头数	页码数	主要内容	道具	服化	备注
day 1　×月×日　场景：×地点　场数：6　镜头数：21　页码数：2.04　预计时间：7：00—20：00										
5	院子	日	外	女主	7	1.18	主要情节			美术提前置景
3	院子	日	外	女主妈妈	2	0.18	主要情节			
3	院门口	日	外	女主、女主妈妈	2	0.16	主要情节（下同）			
4	房间	日	内	女主	2	0.11				
7	厨房	日	内	女主妈妈	4	0.07				
8	家中走廊/客厅	日	内	女主、女主妈妈		0.18				
17	家中客厅	夜	内	女主、女主妈妈	6	0.32				日拍夜 6：30前
day 2　×月×日　场景：×地点 & Z地点　场数：5　镜头数：14　页码数：2.67　预计时间：7：00—21：00										
9	乡道	日	外	女主、女主妈妈	2	0.02				
10	大舅家门口	日	外	女主、女主妈妈、舅妈	1	0.36				
11	大舅家饭桌	日	内	女主、女主妈妈、亲戚群演	3	0.09				美术提前置景
12	屋内	夜	内	女主、女主妈妈、亲戚群演	2	0.05				日拍夜
转场：前往Z地点（10min）										
15	Z地点	夜	外	女主、女主妈妈	6	1.4				如果拍不完，次日清晨拍
day 3　×月×日　场景：Z地点 & Y地点　场数：5　镜头数：17　页码数：0.51　预计拍摄时间：8：00—20：00										
1	村口/路边	日	外	女主、摩的司机	3	0.05				提前一天联系摩的
2	乡道	日	外	女主、摩的司机	3	0.07				
6	江边竹林	日	外	女主	5	0.07				
转场：Z地点（40min）										
18	Z地点	日	内	女主、女主妈妈、群演	4	0.25				美术提前置景
转场：前往Y地点（40min）										
16	Y地点	夜	外	女主	2	0.07				

使用专业的表格可以帮助我们更好地做好影片的预算。如果一个场景费用太高，则要考虑进行更改。制片预算表常用格式举例如表 9-3 所示（以学生毕业作品 10 分钟短片为例，预算 10 万元人民币以内）。

表 9-3　制片预算表

《××短片》影视制作预算表			
制表人：张××（制片主任）制表日期：2021-07-20			
导演 Director	刘××	摄影师 Cameraman	林××
制片主任 Unit Production Manager	张××	美术指导 Art Director	石××
副导演 Vice Director	李××	灯光指导 Lighting Director	钱××
执行导演 Executive Director	刘××	执行制片 Executive Producer	潘××
化妆 Makeup	王××	场记 Supervisor	—
录音师 Recording Director	崔××　黄××	摄影助理 Assistant Camera	—
片名 Title:《××短片》		拍摄天数 Shooting Days	4 天
摘要 Summary			Amount in RMB
A. 演员薪酬 Actor Remuneration			￥5 600.00
B. 制作人员费 Crew Salary			￥22 800.00
C. 制作器材费 Equipment Rental & Purchase			￥16 500.00
D. 场景制作费 Set			￥0.00
E. 道具及服装费 Props & Wardrobe			￥5 000.00
F. 交通食宿费 Transportation & Catering			￥36 112.00
G. 杂费及不可预见 Miscellaneous & unpredictable			￥4 100.00
		以上合计 Total	￥90 112.00
玖万零壹佰壹拾贰		总计	￥90 112.00

导演应根据制作的规模和可行性选择合适的设备，主要设备包括摄影设备、灯光设备、录音设备、拍摄辅助设备等。导演要注意各个设备是否兼容。要提前联系设备租借公司，保证设备在拍摄前到位。拍摄前，指定专人对所有的设备进行测试和检查。

影片拍摄过程中经常会遇到各种突发状况，导演和制片应做好应对各种困难的心理准备，在拍摄前的计划中预留出时间。在拍摄时遇到问题，要冷静地处理，安抚相关剧组人员，并寻求解决方案。将所有剧组人员聚在一起，举行一次制片聚会，可以更好地沟通工作，营造良好的团队氛围。

9.5
导演和团队的合作

导演的工作同时也是体现领导艺术的工作。一部影视作品的主创班子成员为导演、摄影师、美工师、录音师、制片主任等。从艺术创作规律来讲，应以导演为创作中心，制片主任为行政、财务主管。优秀的导演应该对剧组有良好的控制力，同时又能让各个岗位上的专业人士在舒适自由的状态下工作。

挑选工作人员既要看他们的专业技术能力，也要考虑他们的性格和交际能力。即使确定了剧组人员，在开始工作之后，也要在制作过程中留意他们的工作状态，以及团队合作能力等。比较理想的情况是选择跟导演有过默契的合作的、熟悉彼此工作方式的专业人员，尤其是重要岗位上的工作人员，如摄影师、灯光师和录音师。

9.6
导演与演员

9.6.1 选择合适的演员

对于导演来讲，选择了合适的演员几乎就成功了一半。选择演员的做法通常是导演选择剧本里的一个片段，让演员进行试镜。根据现场对演员表演的感受，还有通过试镜后观看录像，进行综合判断。一般从以下几个方面对演员进行考察：演员的外形是否适合某一角色；演员的表演风格是否契合本片的风格；演员对角色的阐释是否符合导演理念；演员是否具有可指导性；演员是否具有良好的工作习惯；演员在镜头里是否具有"吸引力"。

除了演员单独试镜，导演也可以根据情况，考虑是否需要两位演员一起配合进行试镜。选角结果确定好之后，要及时通知演员。没有入选的演员，

也要及时通知，予以充分的尊重。

9.6.2 拍摄前的沟通和排练

角色确定好之后，导演和演员应该一起对剧本进行研究。大部分情况下，不同角色的演员对剧本的阐释会有所不同，导演应该引导演员们发表自己的想法，充分讨论之后，再以剧本整体要求、观众的感受等为基础统一演员们的意见。导演要让演员感受到自己对他们的支持和信任，这样演员才会开始信任导演，这对拍摄时演员的表演非常重要。在这个环节，更为重要的是，导演要确保自己的导演理念能在演员的表演中得到落实。

导演需要根据剧组的情况，决定排练的时间长短和时间安排。在大部分小投资的剧组中，导演会挑选出剧本中重要的场景进行排练。在排练的环节，导演可以明确地传达自己对这场戏的要求、希望演员传达出的信息，并对演员的表演进行指导。导演应该让演员们互相配合，在表演上进行磨合。

在这个环节中，演员的表演欲望被激发。表演是具有创造力的艺术，适合导演理念的，导演应及时给予演员鼓励和支持；如果跟导演理念相左，导演要及时纠正演员。

9.7

展开拍摄

9.7.1 开机之前

开机之前，导演应指挥各个部门负责人员检查布景、道具、拍摄器材、录音器材、灯光器材等。让剧务人员代替演员进行试光、调整机位，确保拍摄时光线已经调好，并且不会有影子，还要确保穿帮的器材不会出现在画面里。准备就绪后，可以让演员带妆过一遍戏，让演员缓解紧张情绪，慢慢进入表演状态。

9.7.2 镜头标记系统

拍摄前，场记和拍摄助理要协商好镜头的场记板编号。通常标记系统采用的是类似"第8场，第6镜，第1条"这样的格式。目前，场记板有手写标记信息的传统的拍板，也有更智能的电子场记板。

打板的功能主要有以下三个方面：在视觉上为镜头素材做标记，方便后期素材的选择和剪辑；打板的声音和操作员的口令，可以为音轨做标记，方便后期进行声音处理；打板的"啪"声标记了录音音轨与画面相吻合的关键帧，确保后期制作时音画同步。

拍摄现场的工作顺序：导演确认现场准备完毕→导演示意副导演准备就绪→副导演喊话让片场保持安静→副导演喊"声音开始"，录音师打开录音设备→摄影师打开摄影机，示意已经开机→摄影助理或者场记喊出镜头信息"第×场，第×镜，第×条"→场记打板，"啪"声出现→摄影师喊"摄影开始"→导演喊"开拍（action）"→演员开始表演。

导演喊"开拍"时要沉着冷静、信心十足。导演的权威和对团队的控制力会在这神奇的一刻体现出来，同时坚定的声音也是对团队所有人员的激励和鼓舞。

一个镜头拍摄完毕，由导演喊"停"。如果出现录音等技术问题，或者出现危险，其他人员也可以喊"停"。

9.7.3 与各技术岗位的合作

导演工作的复杂性在于导演在拍摄现场既要能控制住场面，同时又要能和演员通力合作，完成符合自己艺术理念的作品。有经验的导演会让各个部门的人员负责他们的工作，激发他们的积极性，也就是领导他们；而不是事无巨细地进行技术和制片方面的管理。

在拍摄现场，导演应该确定好每一个机位，同时就景别、构图、角度、对运动摄影的控制等要素跟摄影指导进行沟通，并达成一致。开始拍摄时，导演则要信任摄影师的能力。导演需要通过监控器时刻关注拍摄画面，迅速判断演员表演和拍摄画面是否达到了自己的要求。一个镜头可能一条就过，也可能需要拍摄好几条。导演既要对拍摄的艺术性负责，同时也要对拍摄的进度负责。

一天的拍摄工作结束后，导演应该从表演、摄影、灯光、布景等方面检查拍摄成果。好的地方继续保持。如果出现问题，应该向负责的人员提出，在第二天的拍摄时以求得更好的拍摄效果。此时尤其要注意沟通的技巧。

9.7.4 与演员的合作

导演在拍摄时应该保护好自己的演员，因为演员的工作与各技术岗位的工作不同，他们需要在众人和机器面前进行情绪的表达，也就是表演。刚开始拍摄时，演员容易紧张，导演可以跟演员聊聊天，或者采用其他方法帮助演员缓解焦虑情绪。演员进入状态，焦虑也随之消失后，拍摄才会进展顺利。

拍摄时，导演要时刻判断演员的表演是否达到了自己的要求，如果对演员的表演不满意，导演应该简洁明确地提出自己的建议，比如"爆发力不够""眼神再坚定一些"。导演要判断是否可以再激发一下演员的潜力，以获得更好的表演效果；如果拍摄时演员的表演陷入僵局，导演可以让剧组其他人员暂时休息，跟演员单独沟通。

9.7.5 导演的个人素养

拍摄时，导演要充满自信，并且要"残酷"地要求自己全力以赴地进行工作、坚定不移地推进拍摄进度、坚守自己的导演理念和艺术要求，不能因为担心"伤害组员的感情"而降低自己对摄影、声音、灯光、布景、道具、表演的要求。有经验的导演会挑选经验丰富、负责的组员。经验尚浅的导演或者投资较少的剧组，则有可能会碰到专业水平和职业素养都不太高，并且临场经验不够丰富的人员，导演只能自己花费更多精力，弥补这些人员造成的疏漏。

拍摄结束后，导演和剧组人员通常会身心疲惫。"杀青"聚餐可以帮助大家缓解这种疲惫，进一步培养团队感情，为导演以后的工作培养潜在的、自己的创作团队。

练习题

一、在发表的剧本里挑选 5 分钟左右的场景，研究剧本，写出对故事和角色的分析，阐释自己的导演理念，并完成文字性分镜头脚本的编写。

二、选择一部电影里的 1~2 个场景，画出该场景里的景别图。

10 剪辑的规则

10.1

连续剪辑简介

剪辑的风格大致上分为两种，一种是好莱坞的连续剪辑风格，另一种是非连续性剪辑风格。我们要掌握的是连续剪辑的规则。

好莱坞的连续剪辑风格，也称连续剪辑，或者透明剪辑。连续剪辑利用镜头与镜头之间的时空关系，创造出时空连贯的感觉，赋予重组的叙事时空以真实时空的视觉和心理效果。这种剪辑规则认为电影语言应该服务于叙事进展，也就是说讲故事比电影形式更加重要。观众观看影片时，觉察不到剪辑的存在，从而在心理上专注于叙事，认同主要人物，产生情感共鸣。或者说观众跟随故事进展进行酣畅淋漓的情感体验，不会"出戏"地进行额外的思考。

非连续性剪辑没有明确的定义，可以泛指跟叙事场景里连续剪辑不同的剪辑规则。比如表现心理时空、强烈情绪变化和引导观众进行理性思考（比如爱森斯坦的影片）的剪辑方式。这种剪辑方式通常会打破叙事的连贯性，或者说影片本身没有经典意义上的叙事。

连续剪辑的规则处于不断的变化中，只不过工业化制作的电影故事片，在接纳新的剪辑方法上是非常保守和谨慎的。只有当一种剪辑方式，通过极具个人风格的导演、实验片、MV 或者电视转播等的不断使用，观众习以为常之后，工业化制作的故事片才会考虑将其纳入"常规"中。比如跳接的剪辑方式，直到 20 世纪 90 年代，依然被看作导演为了打破叙事的连贯性而采用的非连续性剪辑方式；而在目前的故事片中，跳接经常被用来表示人物穿过了一个空间，或者做了一个持续时间较长的单调动作，成为常规的剪辑方式。与一个长镜头相比较，跳接剪辑的 2~3 个镜头，加快了节奏，增强了画面的灵动感，视觉效果上也更加具有在场感。

目前在全世界范围内，连续剪辑对于工业化制作的商业故事片来说是一种通用的规则，或者说是约定俗成的电影语言规范。小成本制作的故事片，也在采用连续剪辑。在其他含有叙事场景的影视作品中，连续剪辑也是通常采用的方法。因此，连续剪辑的方法和规则，是电影导演、摄影师和剪辑师必备的专业知识。

10.2

连续剪辑的空间组接规则

10.2.1　30°夹角原则

经验丰富的电影从业者知道两个镜头在画面上的差异性至少在 20% 以上，才能被剪辑在一起。这个差异，可以是被摄对象的变化、景别的变化和机位的变化。一个场景中，如果被摄的人物或者物体改变了，两个镜头自然具有可剪辑性。考验剪辑师专业能力的是，在被摄物体不变的情况下如何进行连续剪辑。目前通行的剪辑规则里，更加明确的指导规则是：如果两个镜头在景别上有 2 个及以上不同点，或者两个镜头拍摄时的机位夹角超过30°，则这两个镜头具有可剪辑性，或者说可以进行连续剪辑。比如，同一个人物的全景镜头组接近景，或者大中景组接特写镜头，即使在同一个机位进行拍摄，两个镜头基本上也是可以组接在一起的。如果从两个差别较大的机位拍摄同一个人物同一景别的两个镜头，那么这两个镜头也可以组接在一起。

以上是镜头具有可剪辑性的最基本要求，在剪辑中，我们通常希望画面在视觉上更具变化性。两个镜头，如能同时满足景别有 2 个及以上不同点和拍摄时的机位夹角超过30°的条件，那么组接在一起的视觉效果会更流畅。

10.2.2　四种常用的机位组接方法

拍摄人物时通常采用的机位有三个：正面机位、侧面机位和背面机位，如图 10-1、图 10-2、图 10-3 所示。在实际拍摄时，摄影机很少会正对人物的正面、侧面或者背面，一般会稍微侧移，以获得更具空间感和立体感的视觉效果。

剪辑中常见的机位组接方法有四种：外反拍机位组接、同一视轴机位组接、垂直机位组接和平行机位组接。

1.外反拍机位组接

外反拍机位组接是指一个镜头从人物正面进行拍摄，另一个镜头从人物背面进行拍摄，然后将两个镜头进行组接的方法。如图 10-4、图 10-5 所示，镜头 1 是从人物背面拍摄的全景镜头，镜头 2 是从人物正面拍摄的中景镜头。两个镜头的拍摄人物变化较大，机位夹角在 180° 左右，是两个不同的景别。

图 10-1

图 10-2	图 10-3

图 10-1　正面机位（出自学生影视作品）

图 10-2　侧面机位（出自学生影视作品）

图 10-3　背面机位（出自学生影视作品）

图 10-4　外反拍机位组接
镜头 1（出自学生
影视作品）

图 10-5　外反拍机位组接
镜头 2（出自学生
影视作品）

2. 同一视轴机位组接

同一视轴机位组接是对在同一视线轴上的两个机位拍摄的两个镜头进行组接的方法。

如图 10-6、图 10-7 所示，镜头 1 和镜头 2 都是在人物正面的视线轴上选取机位，镜头 1 是在较远的机位拍摄的大全景，镜头 2 是在较近的机位拍摄的中景。两个镜头拍摄的人物没有变化，两个机位几乎没有夹角，但是由于景别的变化较大，因此可以剪辑在一起。

图 10-6　同一视轴机位组接镜头 1（出自学生影视作品）

这种组接方法可以表现人物在同一方向的纵深运动，表现人物走近或者远离摄影机（也就是观众）的场景。

3. 垂直机位组接

垂直机位组接是指一个镜头的机位位于人物侧面，另一个镜头的机位位于人物正面或者背面，两个机位是垂直的，然后将两个镜头进行组接的方法。

如图 10-8、图 10-9 所示，镜头 1 的机位在人物

图 10-7　同一视轴机位组接镜头 2（出自学生影视作品）

图 10-8　垂直机位组接镜头 1（出自学生影视作品）

图 10-9　垂直机位组接镜头 2（出自学生影视作品）

侧面，镜头 2 的机位在人物正面。两个镜头的拍摄对象没有变化，景别是中景和大全景的差异，机位夹角超过 30°。

4. 平行机位组接

平行机位组接是指将在人物侧面的两个机位拍摄的两个镜头剪辑在一起的方法。如图 10-10、图 10-11 所示，镜头 1 和镜头 2 都是在人物侧面进行拍摄的，不同的是，因为人物的运动，机位进行了平行挪动。

平行机位的组接，可以表现人物的横向运动，表现人物在画面里横向越过了一个空间。运用这种组接方法的注意事项是：镜头 1 中人物的运动不能超过画面的 1/3，也就是说鼻前空间要保留 2/3；

镜头 2 中人物的运动不能超过画面的 1/2。留有充分的鼻前空间，才能使画面中的人物呈现出"向前走"的视觉效果。

平行机位的组接方法在现在的电影中可以越轴，也就是说，一个机位在人物的左侧拍摄，另一个机位可以在人物的右侧拍摄。在视觉效果上，我们会看到镜头 1 里，人物从左向右移动，镜头 2 里，人物从右向左移动，两个镜头中，人物的运动轨迹在视线上是相反的。这在早期的电影里是不被允许的，但是现在的观众习惯了横向运动镜头的复杂变化，只要是在同一个画面里，人物的运动是向前的，即使是将两个横向运动轨迹相反的镜头组接在一起，同样会呈现人物越过了一个空间的视觉效果。

图 10-10　平行机位组接镜头 1（出自学生影视作品）

图 10-11　平行机位组接镜头 2（出自学生影视作品）

180° 轴线原则

在一个场景里，如果两个人物之间的视线和运动有戏剧性的关系，在剪辑时就要遵循轴线原则，以免引起混乱。最典型的场景是对话场景。轴线是两个被摄物体之间所形成的一条假想直线，也叫180°轴线。180°轴线原则示意图如图10-12所示。

把两个人物作为两个点，连接这两个点并延长，就获得了一条虚拟的直线。这条直线把空间分为两个部分，即左边区域和右边区域。可在这两个区域中任选一个进行多个镜头的拍摄，但不能越过轴线，去另一侧拍摄。在一个场景的拍摄中，会用一个全景或者大中景交代清楚两个人物的位置关系和轴线选择的区域，这个镜头叫作定场镜头或者展示镜头，然后选择在轴线同一侧拍摄的镜头进行剪辑。

如果人物的位置关系发生了变化，则轴线也会相应地变化，拍摄时可以重新选择轴线左边或者右边的区域。在剪辑时，则需要重新引入一个全景或者大中景镜头，交代人物新的位置关系和新的轴线区域，然后选择在轴线同一侧拍摄的镜头进行剪辑。

被摄对象可以是人也可以是物体，比如一个人和一台电脑，两个客体之间也可以形成一条轴线。

如果是三个人，则每两个人之间形成一条轴线。

180°轴线原则之所以重要，跟好莱坞的电影观念密切相关。对于好莱坞电影来讲，一个场景里，要首先明确人物之间的物理位置关系再进行叙事。而且在之后的空间组接中，要时刻暗示，虽然镜头是剪接过的，但是两个人物始终处于同一空间中，影片的叙事空间在物理上也是真实的。因此，在进行两人对话的连续剪辑时，至少会采用一组过肩镜头，暗示没有拍到正面的人物也在镜头里。人物的视线，通常是侧向镜头，而不是正对镜头的，这样可以暗示他正在看着对话的另一个人物。因为人物的视线有向左看或者向右看的差别，在拍摄和剪辑时，必须保证同一人物的视线方向是一致的。在轴线的同一侧拍摄的两个演员的镜头，可以保证视线方向上的一致性。也就是说，我们拍摄的人物 A 的镜头，构图中偏左，他的视线看向右边；拍摄的人物 B 的镜头，构图中偏右，他的视线看向左边。在剪辑时，两个人物是看着对方说话的。这样在空间的组接上，形成了虚拟的真实空间，配合叙事流畅地将情节向前推进。

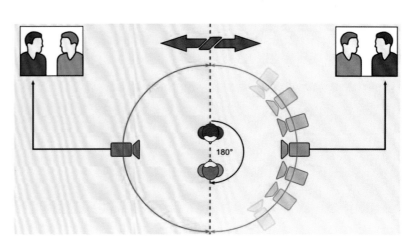

图 10-12　180° 轴线原则示意图

10.4

剪辑的连贯性原则

两个镜头之间天衣无缝的连贯性是让观众注意不到剪辑存在的重要法宝，在剪辑过程中，主要有以下4种不同形式的连贯需要考虑。

10.4.1 内容的连贯

从一个镜头切到另一个镜头时，画面中演员的行为应该具有连贯性。演员的行为，也暗示着故事的情节发展。

图10-13~图10-16所示的场景的故事内容是爷爷拿出笔记本并告诉孙女要带她到公交车站，孙女接过笔记本，看到了手写的笔记，感到沮丧。一共

4个镜头，剪辑是按照"爷爷拿出笔记本、孙女接过笔记本、孙女看到内容、看完后孙女的表情"这样的内容连贯性进行剪接的。

从一个镜头切到另一个镜头是有原因的，这个原因也就是剪辑的动机。在这个场景中，镜头1是展示镜头，给出了环境、两个演员和道具笔记本的描述性信息。镜头1中爷爷拿出笔记本，切到镜头2的动机是孙女接过笔记本。从镜头2切到镜头3的动机是孙女看到了什么。从镜头3切到镜头4的动机是孙女看完后的沮丧感受（演员在特写中的面部表演）。

镜头2中，演员的左手拿手机，切到镜头3时，演员应该也是左手拿手机。这种位置上的连贯性在

图10-13 内容的连贯性镜头1（出自学生影视作品）

图10-14 内容的连贯性镜头2（出自学生影视作品）

图10-15 内容的连贯性镜头3（出自学生影视作品）

图10-16 内容的连贯性镜头4（出自学生影视作品）

拍摄时如果是正确的，剪辑的工作会顺利很多。如果拍摄时道具位置不对，剪辑师只能想办法弥补，不让观众察觉出异样。

10.4.2 动作的连贯

当演员或者物体在画面中进行横向运动时，就有了银幕方向，银幕方向必须有连贯性。

图 10-17 ~ 图 10-20 所示的是电动车相撞的动作，一共用 4 个镜头呈现。4 个镜头里，人物和电动车的运动都是从左向右的横向运动，直到撞到前方的电动车后箱。

银幕上动作的连贯性通常会贯穿整个场景，甚至整部电影。这部 10 分钟的学生短片讲述的是祖孙两人骑着电动车离开家，赶去公司的场景。短片里有很多骑电动车前进的镜头。这些镜头里在马路上的横向运动，都是从左向右，表示从家里向公司赶去。最后一个场景，两人到达公司，横向的运动则设计为从右向左，表示到了目的地。

在好莱坞经典时期的电影里，如果驾马车出城的动作是从左向右，那么整部电影都要保持这种银幕连贯性。如果回城的话，马车运动的方向就应该是相反的，也就是从右向左，视觉效果上，观众知道演员回到了城里。其他类似的动作如离开家和回到家，以及离开港口和回到港口，都是这样处理的。

关于银幕方向的一致性，在前面"四种常用的机位组接方法"部分也有提到，现代的电影里有新的剪辑规则出现。如果这个银幕方向跟故事的戏剧性关系不大，并且运动比较简单，比如一个演员或者物体向前运动，则可以打破这种方向的一致性。为了达到最好的剪辑视觉效果，拍摄时最好让人物的运动有一定弧线，不要跟摄影机机位或者摄影机运动的轨迹完全平行。

图 10-21、图 10-22 所示的画面为两个人物坐在正在行驶的轿车里。镜头 1 轿车行驶的银幕方向是从右向左，镜头 2 轿车行驶的银幕方向是与镜头 1 相反的。这是学生影视作品里的一个衔接场景，只有交代人物空间移动的功能，没有更多叙事上的功能。因此，可以采用打破银幕连贯性的剪辑方法。

图 10-17 动作的连贯性镜头 1（出自学生影视作品）

图 10-18 动作的连贯性镜头 2（出自学生影视作品）

图 10-19 动作的连贯性镜头 3（出自学生影视作品）

图 10-20 动作的连贯性镜头 4（出自学生影视作品）

图 10-21　镜头 1（轿车行驶方向为从右向左）

图 10-22　镜头 2（人物移动方向为从右向左）

10.4.3　位置的连贯

电影空间的"空间感"很重要，在一个场景的剪辑中，同一个人物或者道具，在画面中的位置应该是匹配的，这样剪辑在一起，视觉上才会形成人物或物体"在同一个空间"的效果。

最典型的情况是对话镜头，同一个场景里，在演员的相对位置不变的情况下，演员的位置也应该是一致的。比如，演员 A 应该始终在画面左侧，演员 B 始终在画面右侧。场景中跟演员相关联的道具，也应该在画面中处于一致的位置。如果演员的位置发生了变化，剪辑时务必先切入表现运动的镜头，以及演员新位置的展示镜头，然后重新匹配演员在画面中的位置。

10.4.4　声音的连贯

保证声音的连贯首先要注意的是，如果一组镜头呈现的情节发生在同一个地点和同一时间，那么这组镜头中的声音也应该是延续的，并且混音的大小应该符合剧中人物听到的声音的大小。假设有一个场景是在闹市区临街的小公寓。第一个镜头充斥着街边的喧闹声，那么这个场景的背景音应该保持这种环境的嘈杂。如果人物打开了窗户，那么环境音的音量也应该随着这个动作变大。如果人物打开了电视，在这个镜头里，我们听到了电视里的新闻播报声，下一个镜头人物转身去洗手间洗漱，虽然电视不再出现在画面里，但是影片中的人物能继续听到新闻播报声，那么新闻播报声也同样应该传递给观众。同时，因为人物远离了电视，新闻播报声的音量也要相应地降低。

其次，除了现实主义的声音设计之外，声音也可以成为导演表达人物内心和情绪的一种方式，这在故事的情绪渲染上同样是连贯的。还是上述的场景，人物在洗手间听到新闻里的某个消息，勾起了他美好的回忆，那么我们可以配上柔和舒缓的音乐，把嘈杂的环境音和新闻播报声的音量降低，或者完全去除。这种平和的背景音就是他心里的声音，可以让观众把注意力放到人物的情绪和内心上，从而对接下来的叙事充满期待。这种处理方法也可为我们接下来的剪辑做好铺垫。

最后，我们可以将声音的连贯作为剪辑的动机。常见的方法是利用类似的声音作为转场。比如，从人物家中发出"哔哔"声的家电，剪辑到发出类似声音的办公室里的复印机。故事空间就从人物的家顺畅地转换到了公司。

在剪辑中，声音和画面可以是匹配在一起的，也可以是分离的。声画分离的情况可以作为转场的技巧，比如第一个场景的最后一个镜头还没有结束，观众就已经可以听到第二个场景的某个声音。转场到第二个场景后，再显示这个声音是哪里发出来的。这种剪辑的技巧称为"声音在前，画面在后"。反过来的剪辑方法一样可行，可以把第一个场景最后一个镜头的某个声音，延续到第二个场景的第一个镜头，这样能表达情绪上的连贯性。

我们如果能认识到在剪辑中声音和画面是两个元素，那么剪辑的思路会更多。

10.5
几种常见情况的剪辑注意事项

不同情况下的剪辑注意事项不同。接下来主要介绍一下人物简单运动、起立和坐下、穿过空间、开门4种情况下的剪辑注意事项。

10.5.1　简单运动

人物的简单运动如行走、举手、转身、拿起东西、开窗等小动作，可作为满足场景和叙事需要的演员的动作设计存在，但是不具备更多的戏剧功能，因此剪辑上要简洁利落。

10.5.2　起立和坐下

人物简单的动作如起立和坐下，可以用一个镜头展示，也可以用两个镜头展示，如果没有更多的叙事功能，通常两个镜头就足够了。用一个大景别的固定镜头，或者摄影机跟随人物的动作轨迹进行相应移动的运动镜头，可以很好地表现人物起立和坐下的动作。

同一个场景里，类似的动作如果有两个，就要采取不同的剪辑方法。比如人物一开始坐下，用了一个镜头展示；接下来，他又站了起来，这时候最好用两个镜头将站起来的动作进行剪辑。因为这是类似的动作，如果采用同样的剪辑方法，在视觉上会让观众有重复的感觉，观众很容易觉察到剪辑的"存在"。

两个镜头可以采用外反拍机位或者垂直机位的组接方式。两个镜头的剪辑点，遵循两个原则。一是让人物眼睛尽量长时间停留在画面内。因为人物的眼睛是画面的焦点，对观众的影响力最强，要尽可能地让人物的眼睛停留在画面内。如果人物的眼睛已经出画，剪辑的时候应该尽快切到下一个镜头。二是找人物动作幅度最大的点进行剪辑，这样可以表现动作的幅度和强度，在视觉上更具有震撼力。

10.5.3　穿过空间

对于人物穿过一段空间的剪辑，如果使用外反拍机位或者同一视轴机位衔接的话，可以呈现人物在空间里纵向运动的视觉效果，适合走廊这种狭长的空间。如果使用平行机位衔接的话，可以呈现人物在画面里横向运动的视觉效果，适合开阔的室外空间。如果使用垂直机位衔接的话，人物在一个镜头的画面里是纵向运动，在另一个镜头里则是横向运动，可以在多种空间使用，并且可以很好地表现人物在行进的过程中转弯的动作。

10.5.4　开门

人物开门的动作剪辑，涉及叙事空间发生变化的电影时空问题。经典的剪辑方法是用正反拍机位的两个镜头进行衔接，这样既可以介绍电影里故事空间的变化，也能呈现门打开后新的人物的出场。

如图 10-23、图 10-24 所示，镜头 1 是以走廊里的机位拍摄的，拍摄到了门打开后男主出现在画面里的动作；镜头 2 是以房间里的机位拍摄的，拍摄到了女主的正面。一组过肩镜头，进一步强调了两个人物在门内和门外空间的物理位置。

当一个人物打开门走出来或者进去，没有其他戏剧元素的话，在一个镜头里进行表现更为简洁。

若用一个镜头表现开门的动作，剪辑时则需要展示人物打开门这个动作之后的运动轨迹，在视觉上让观众感觉到人物"迈进"了新的空间，为之后在新的空间里的剪辑做好铺垫。

图 10-23　走廊机位镜头 1（出自学生影视作品）

图 10-24　房间里的机位镜头 2（出自学生影视作品）

对话场景的剪辑

电影中最常碰到的场景是对话场景，剪辑师要挑选"正确"的镜头进行使用，对于拍摄时出现的错误，则要想办法弥补。

10.6.1 几个剪辑原则

首先是轴线原则，人物物理位置关系不变的话，所有的镜头均应该是在轴线的同一侧拍摄的，以确保人物的视线和其在画面中的位置相匹配。为了进一步强调人物在同一个空间中，在剪辑对话场景的镜头时，至少要保留一个过肩镜头。

其次是景别循序渐进原则。对话镜头应该从较大的景别逐渐向较小的景别过渡。比如使用1~2组中景镜头后，再过渡到1~2组近景镜头，最后是特写镜头。对话一般是先铺垫，再激化矛盾，直到人物情绪反应强烈，因此，景别的选择上也应该烘托戏剧性逐渐增强的特点。

然后是对话中反应镜头的使用。剪辑时，大部分情况是哪个人物说话，镜头就给哪个人物。但是为了打破这种剪辑的重复和单调，一般会插入反应镜头，即 A 在说话，画面上却是 B，通过 B 脸部的表情表现 B 在听到这些话时的心理反应。通常情况下，不会在第一组正反打镜头中插入反应镜头，而是在第二组或者之后的镜头中插入一个反应镜头。

还有一种剪辑的技巧是切出镜头。当对话剪辑中演员的正反打镜头重复太多次，或者剪辑上无法找到合适的镜头衔接时，可以插入一个全景镜头，或者呈现场景里的某个物体。这种打断对话的镜头常被称为切出镜头。

最后，对话剪辑中，如果人物的物理位置发生了变化，那么要马上给出表现新的位置关系的展示镜头。之后再从大景别逐渐过渡到小景别，展示新的对话片段。

10.6.2 三人对话镜头

拍摄三个人物对话的场景时，首先要确定好轴线。每两个演员之间形成一条轴线，跟其他轴线不相关。也就是说，A 和 B 之间的直线，是剪辑 A 和 B 之间的对话的轴线；A 和 C 之间的直线，是剪辑 A 和 C 之间的对话的轴线。这两条轴线独立存在。

其次要避免从一个双人镜头切到另一个双人镜头的情况。也就是说，不能从 A 和 B 在一起的镜头，直接切到 A 和 C 在一起的镜头。因为这样 A 在画面里的位置和视线都不匹配。

解决这个问题的办法有两个。一个是从双人镜头切换到一个人物的单人镜头。比如说，从 A 和 B 的双人镜头，切到 C 的单人镜头。另一个是从双人镜头切换到三人在一起的全景镜头，将这个全景镜头作为切出镜头。

10.7

定场镜头的重要性

定场镜头也叫作展示镜头（establishing shot），顾名思义，就是展示一个场景中环境、人物和道具的镜头，这个镜头同时也建立了整体的空间关系。定场镜头一般是全景、美国中景或者较大的中景。

在本章轴线原则部分，我们多次提到定场镜头的功能是确立轴线关系，为整场戏的剪辑建立规则。定场镜头在连续剪辑中，更重要的意义在于打造模拟现实的电影空间。好莱坞电影中普通的叙事场景需要马上展示环境和人物，同时尽快开始叙事。在对人物的介绍中必须明确两件事情：人物之间相互的物理位置关系和他们的精神状态。因此定场镜头在一场戏的剪辑中就变得非常重要。

在普通叙事场景的剪辑中，定场镜头应尽早出现。对普通叙事场景的剪辑，一般有两种方式：一是以定场镜头开始，然后进入局部，也就是某个人物或者局部空间，进行叙事；二是以若干局部空间或空间里的若干细节开始，然后接入定场镜头。以若干局部空间开始的剪辑方式，可以更好地营造氛围，让观众对叙述的故事或者人物充满好奇和期待，剪辑时注意要尽可能早地接入定场镜头，让观众尽快认同故事叙述的空间和人物之间的戏剧关系。

例外的情况是有的电影里某个场景没有出现定场镜头。省略定场镜头的剪辑策略，可以制造不安和悬疑的感觉，最常使用这种方法的是悬疑片和恐怖片。在《黑天鹅》这部致力于塑造心理压力和不安的电影中，一些场景里就省略了定场镜头。另外，在法国导演罗伯特·布列松的电影《乡村牧师的日记》里，经常省略定场镜头，导演是为了让观众把注意力放在主人公的心理活动上，引导观众进行哲理思考，而不是关注故事的戏剧冲突。这个例子也从反面说明，以叙事为主的电影，定场镜头对于连续剪辑至关重要。

10.8

转场的剪辑方法

场景之间的转换，是电影语言里的分句法。相较于两个镜头之间的剪辑，转场的剪辑重点是考虑如何表现空间和时间的变化，而又要让这种变化看上去非常自然。这里介绍几种经常使用的剪辑方法。

10.8.1 切

切是最常用的剪辑方法，同样可以用于两个场景之间的剪辑，也就是从第一个场景的最后一个镜头，直接切到第二个场景的第一个镜头。

10.8.2 黑场

可在两个场景的转换中，加入黑场。黑场镜头可以是无声的，也可以是有声音或者配乐的。加入的声音元素，可以是上一个场景情绪的延续，也可以是下一个场景情绪的预先提示。

10.8.3 淡出淡入

第一个场景的最后一个镜头逐渐暗下来，而第二个场景的第一个镜头以淡入或者突然出现的方式接替，这种时间转换的手法，被称为淡出淡入。

淡出可以是逐渐暗下来，以黑色作为两个场景之间的过渡；也可以是逐渐变白，以白色作为两个场景之间的衔接。在现代的电影里，有的导演会将某种彩色作为黑色和白色的替代元素，这样同样可以作为转场的剪辑策略。

10.8.4 叠化

叠化也是常用的转场剪辑技巧，其是指将第一个场景中最后一个镜头临近结束的画面与第二个场景中第一个镜头开始时的画面重叠在一起。在视觉效果上，这样就将两个场景在时空上粘连在一起，同时呈现给观众。

时空重叠的部分，对剪辑师来说是个考验。剪辑师要考虑视觉和声音上的连贯性，同时还要决定适合故事情景的重叠部分的时长。

10.8.5 划入划出和圈入圈出

划入划出和圈入圈出在无声片时代是经常使用

的场景衔接方式，属于胶片时代的"特效"。在现代的电影里，这两种转场方式由于太过戏剧化，因此要谨慎使用。剪辑师要考虑这两种转场方式的使用是否符合故事情节发展，在视觉上是否连贯，也要注意不能过多使用。

10.8.6 字幕

使用字幕作为两个场景之间的衔接，也是无声片时代遗留下来的剪辑方式。在现代的电影里，有时也会使用字幕展示故事发生的确切地点和时间，这也成为一种转场剪辑的技巧。

还有一些电影利用字幕作为子标题，比如《爱乐之城》，剪辑上用冬、春、夏、秋、冬作为子标题，强调故事的大结构。剪辑时新的场景一出现就可以将观众带进截然不同的情绪里，观众也不会觉得突兀。

作为子标题的字幕可以出现在一个类似风景照的画面上，也可以出现在空白的背景上。

10.8.7 光线

光线的明暗变化可以代表时间的流逝，这同样可以成为剪辑的技巧。在同一个场景里，光线变暗可以代表一天的结束，光线变亮可以代表新的一天的开始。表演区不变时，也可以利用光线变化剪接一场新的戏。

10.8.8 人物同一方向的运动

利用人物动作的连贯性进行转场剪辑，也是常用的剪辑方法，代表人物从一个空间进入另一个空间，一场新的戏要开始了。

如图 10-25、图 10-26、图 10-27 所示，镜头 1 中人物开车离开酒店，车子行驶方向是从右向左，

图 10-25　镜头 1（出自学生影视作品）

图 10-26　镜头 2（出自学生影视作品）

图 10-27　镜头 3（出自学生影视作品）

直到画面左侧出画（镜头 2）。镜头 3 中男女主角在车中对话，车子行驶方向依然是从右向左。利用人物和交通工具同一方向的运动进行剪辑，可以很快带领观众进入下一个空间进行叙事。

10.8.9　摄影机的运动

从一个镜头延续到另一个镜头的摄影机运动，可以用来转换场景，即使拍摄对象变了同样成立。

10.8.10　利用视觉元素和声音元素的相似性转场

剪辑是利用视觉和听觉心理学进行创作的艺术，利用视觉和声音的相似性进行转场也是常用的剪辑方法。视觉的相似性有很多，比如类似的物件、色彩、动作和运动等。剪辑中经常利用相似性进行剪辑的情况有：利用打电话和接电话表示空间的转换；关上门表示一个场景的结束，打开门表示下一个场景的开始；光线变暗和变亮暗示较长一段时间的流逝；不同时空的不同人物在做类似的动作；等等。虽然这些都是老生常谈的技巧，但是优秀的剪辑师知道如何把这些技巧跟场景自然地融合在一起。

从连续剪辑风格来讲，越好的剪辑就是越不容易被察觉的剪辑，是"隐形"在故事讲述之下的剪辑。剪辑师要遵守约定俗成的规则，也就是根据电影语言的语法进行剪辑。剪辑师的创作在于将规则与故事巧妙而又自然地融合在一起。电影语言的语法会吸纳新的规则，但是非常谨慎，因此剪辑师在使用新的剪辑方式时，需要考虑这种剪辑方式是否已经通过其他视听艺术传播而被大众广泛接受。

练习题

一、根据连续剪辑的空间组接规则拍摄一组镜头，要包含四种常用的机位组接，即外反拍机位组接、同一视轴机位组接、垂直机位组接、平行机位组接等镜头。

二、利用拍摄的素材进行内容的连贯、动作的连贯、位置的连贯、声音的连贯等原则的剪辑练习。

三、掌握对话拍摄的原则，并练习拍摄两人对话、三人对话、多人对话的情景。

四、运用切、黑场、淡出淡入、叠化、划入划出和圈入圈出等转场剪辑方法练习转场剪辑。

11 数字高清影像的颜色调整

在胶片时代，调整电影的颜色是用配光的方法进行的，由于胶片在拍摄、加工等过程中存在不确定因素，再加上导演和摄影师对艺术效果有一定的追求，因此需要有经验的配光员来完成这项工作。配光员在配光台上将不同密度、不同颜色的滤色片罩在正片镜头上，凭借目视来判断颜色效果是否正确，再根据蒙罩的滤色片确定对应的曝光条件。在后期进行胶片冲印的时候可以通过使用不同药水的配比，以及对温度、显影时间、定影时间的控制或者加入一些特殊药剂来改变冲印出来的胶片的颜色。

进入数码时代，数字影像的调色工作开始使用电脑来完成。很多的剪辑软件都加入了调色系统，比如我们常用的 Adobe Premiere。还有一些软件则是专业的调色软件，比如 DaVinci Resolve、Baselight 等。无论哪种调色工具，它的主要作用都是让电影的画面有更加突出的视觉效果，能够在第一时间引起观众的注意，因为色彩不仅影响着观众的心理，还和情绪息息相关。

11.1

色彩校正

色彩是由色相、纯度（又称彩度或饱和度）和明度组成的。自然界的色彩是五彩斑斓的，色彩的配色方案也是多变的。说到色彩，不得不提到 RGB 这种色彩模式，它是工业界公认的一种颜色标准。这个标准几乎涵盖了人类视觉能感知到的所有色彩，通过红色（R）、绿色（G）、蓝色（B）三个颜色通道的变化以及相互之间的叠加可以得到各种各样的颜色。一般来说 RGB 各自有 256 级的亮度，用数字 0、1、2、3、…、255 来表示。按 256 级的 RGB 色彩来计算，也就是 256×256×256=16 777 216，总共能组合成大约 1 678 万种色彩，也称为 24 位色（2 的 24 次方）。

数字影像的色彩校正也称校色。校色需要掌握光学的理论知识，需要较为准确地还原真实的颜色。在开始校色之前需要选择一台色彩精度高、色域覆盖广的显示器，并用校色仪对显示器进行色彩校准。色域图如图 11-1 所示。还需要定期对显示器进行颜色校准，因为显示器的色彩精度不是一成不变的，它会随着使用时间的变化而变化，使用时间越久，显示器的色彩精度就会越低。如果用一台色

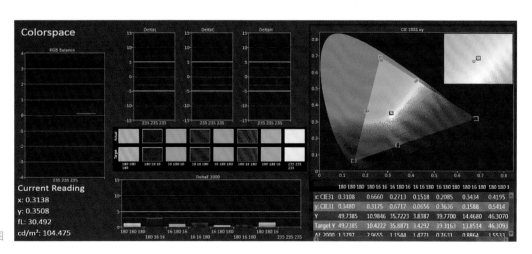

图 11-1 DCI-P3 色域图

彩偏差较大的显示器校色，就可能造成校色的作品偏色，影像在电影院或者其他视频放映平台上播放的时候就会有较大的色彩偏差。

那么，我们用什么来检测显示器是否存在色彩偏差呢？这就要依靠一个参数 ΔE（Delta E 值）来判断了。这项显示器的色彩参数可以很准确地反映显示器的面板颜色与标准颜色之间的偏差。ΔE 的数值越大，显示器的色彩偏差越大；反之，ΔE 的数值越小，则显示器的色彩偏差越小。当 ΔE 数值的平均值小于 2 的时候，人的眼睛基本分辨不出色彩的差异。只要能达到这个数值，该显示器即可胜任数字影像的后期校色工作。

11.1.1 LUT 的应用

当我们第一次接触到数字影像的校色时，面对色相环、色轮、色彩曲线、RGB 混合器、HDR 调色系统等会觉得无从下手。不过 LUT 出现后，一切都变得不那么复杂了。

LUT 是 Look Up Table 的简称，在校色系统里又叫作"颜色检查表"（图 11-2）或者"色彩对应表"。简单来说就是你可以把 LUT 当作某种函数，将一组 RGB 的数值经过 LUT 的重新计算定位输出成为另一组 RGB 的数值，从而得到一个新的色彩值。

LUT 可以分为两种类型，即 1D LUT 和 3D LUT，这两种类型的 LUT 有什么区别呢？1D LUT 属于一维的检查表，也就是每一种颜色（RGB）通过 1D LUT 再输出后都会有一个特定的数值，如果改变其中一个颜色的输入值只会对该颜色的输出值产生影响，RGB 的数据相互之间是独立的。而 3D LUT 则属于三维的检查表，也就是当改变某个颜色的输入值的时候，会同时对三个颜色的输出值造成影响。1D LUT 比较适合用来检测显示器的色彩是否平衡，但是如果需要对色彩的复杂性和精准度进行细致的校色的话，3D LUT 则是最佳的选择。

在拍摄数字高清影像的时候，如果要获得一个动态范围极大的视频素材给后期预留足够的修饰空间，就需要用一种叫 LOG 的拍摄模式来记录视频。

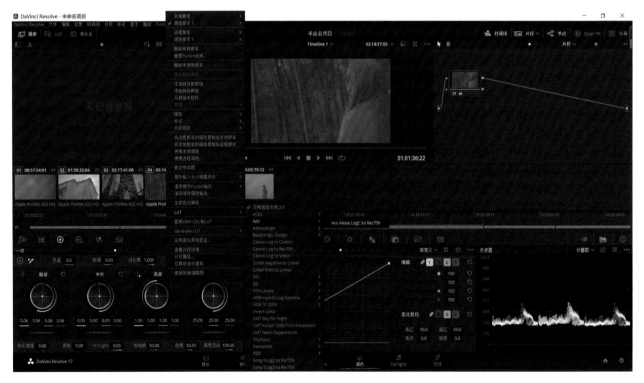

图 11-2　Look Up Table（颜色检查表）

用 LOG 模式拍摄的视频看起来灰蒙蒙的，像加了一片灰色的滤镜，画面的对比度很低，饱和度也非常低（图 11-3）。这种灰度其实是为了获得更高的宽容度，比如拍摄一个带有明亮天空和地面上阴暗建筑的画面，如果按正常模式拍摄，让地面上的阴暗建筑有合适的曝光亮度，那势必会把明亮的天空拍爆，因为光比反差太大了。使用 LOG 模式拍摄就会减少这种情况的发生，能更多地保留亮部和暗部的细节。

图 11-3　用 LOG 模式拍摄的原始素材

在后期对这些用 LOG 模式拍摄的素材进行调整的第一步就是要给它们添加 LUT，使这些灰蒙蒙的视频素材转变成正常颜色（图 11-4）。用 LUT 进行色彩转换的过程实际上就是一个色彩查找的过

图 11-4　添加了 LUT 后的素材

程。只需要在电脑软件里选择合适的 LUT 即可，占用电脑系统的资源非常少，可以很高效地完成色彩的转换。大多数的 LUT 都是为了电影而设计的，所以添加 LUT 后转换出来的颜色都会具有鲜明的电影风格。

现在大多数后期的剪辑软件都支持 LUT 的使用，包括 Adobe Premiere、DaVinci Resolve、Baselight 等。使用者可以在这些软件的界面里挑选最合适的 LUT 来为视频素材转换色彩。而且 LUT 还具有跨平台同步色彩的效果，比如你在 DaVinci Resolve 中使用 LUT 进行颜色转换时添加滤镜，保存输出 LUT 文件后，在 Adobe Premiere 中打开，同样能使用前一个软件添加的 LUT 滤镜。

11.1.2　一级调色

一个电影调色师将原始素材导入电脑，并为这些素材挑选好合适的 LUT 后，接下来最重要的一步就是一级调色。一级调色的主要工作就是对视频素材的白平衡、亮度、暗度、对比度、饱和度以及色调进行调整，使画面能够呈现出一个基本统一的色彩。

后期调色的软件有许多种，它们在实际操作中大同小异，本书将以 DaVinci Resolve（达芬奇）调色软件为案例来进行分析。打开达芬奇的调色界面，我们先从色轮部分开始了解。传统色轮有暗部、中灰、亮部和偏移 4 个选项（图 11-5）。

暗部色轮用于调节画面中暗的部分，拖动下面的滚轮可以提亮或者压暗暗部的画面。中灰色轮用于调节画面中间调的部分。亮部色轮则可以对画面中的较亮部分进行调节。偏移色轮可以对画面的整体颜色进行调整。我们可以看到色轮的周边是以红绿蓝三原色为基础的色环，移动圆环中间的白点可以对色彩进行调整。往哪个颜色的方向拖动白点，画面色彩就会往哪个颜色上靠。这里要注意的是如果拖动暗部色轮的白点，仅仅是对画面中暗部的色彩进行调整，对其他部分色彩的调整并不太明显。

图 11-5　达芬奇软件一级调色的色轮模式

如果是调整偏移的色环则是对整个画面的色彩进行调整。对于偏移色环，你可以认为白点往黄蓝方向移动是对画面进行色温的调整，白点往红绿方向移动是对色调的调整。

还有一种色轮是 HDR 色轮，它和传统色轮比较起来调色更加精准。HDR 色轮共有 7 个色轮可供调整，分别是 Black（纯黑色）、Dark（暗部）、Shadow（中灰色）、Light（中间色）、Highlight（高亮）、Specular（超亮）和 Global（全局），如图 11-6 ~ 图 11-8 所示。

图 11-6　HDR 高动态范围色轮 -1

图 11-7　HDR 高动态范围色轮 -2

图 11-8　HDR 高动态范围色轮 -3

图 11-9　HDR 色轮的渐变灰调整旋钮和缓冲调整旋钮

图 11-10　HDR 色轮的色温、色调调节轮

　　HDR 色轮除了保留传统色轮的功能之外，还增加了缓冲功能（图 11-9），在每个色轮外围的左边均有一个渐变灰的弧度，右边则有一个红色的弧度。渐变灰弧度的作用是调节对应色轮的参数。而红色的弧度则可以调节缓冲带，类似于羽化的效果，这对色彩的细节调节是非常有帮助的。

　　Global 色轮的两边和其他 6 个色轮不同，它可以进行全域的调节，其左边弧度是蓝黄方向调整，相当于色温调节，而右边是红绿方向调整，相当于色调调整（图 11-10）。

　　RGB 混合器（图 11-11）可以对每个通道的

图 11-11　RGB 混合器

图像数据量进行重新混合，极具创造性和实用性。其可以分别对红色输出、绿色输出、蓝色输出进行调整，还可以在特定的通道里任意改变红、绿、蓝的数值。

打开黑白模式可以让图像变成黑白色，并且可以给黑白图像添加任意比例 RGB 的混合通道（图 11-12）。在黑白模式下，每个输出组都有两个模块被禁用，只能对该输出组的主颜色进行修改。

通过前面几个功能的调试，我们基本上完成了一级调色的工作，画面有了统一的基础颜色。接下来就要进行二级调色，根据导演的要求、故事情节对局部细节进行调整。

11.1.3　二级调色

二级调色与一级调色不同，二级调色没有固定的模式，是一种极具个性化风格的工作。每部影视作品都有它自己的主题和内涵，导演与后期剪辑师、调色师一起工作，赋予影视作品个性的元素。而这些个性化的内容需要剪辑师和调色师共同来打造。二级调色是在一级调色的基础上对画面的局部进行调整，例如天空的某个部分、人物的皮肤、服装的色彩、场景里的某处细节等，然后对所有场景的色彩进行匹配，让最后输出的成片色调一致。二级调色是一项非常繁重的工作，需要调色师对每一个画面进行推敲。

达芬奇调色软件在一级调色和二级调色方面有着非常强大的功能，主要可以通过以下几个工具来帮助调色师完成二级调色。

曲线工具（图 11-13）：达芬奇调色软件的曲线工具为我们提供了 6 种曲线模式，分别是自定义曲线、色相 VS 色相、色相 VS 饱和度、色相 VS 亮度、亮度 VS 饱和度、饱和度 VS 饱和度。每种曲线都可以实现具有针对性的色彩调节，能使画面发生一些奇妙的风格化的改变。

色彩扭曲工具（图 11-14、图 11-15）：这一工具可以提供更加直观、可视化的调整交互，其操作界面看起来像是一个雷达，调色师只需要进行简单的拖曳就能调整出各种有个性的色彩。

限定器工具（图 11-16）：达芬奇调色软件的限定器工具主要是用来对画面中的局部进行抠像的，包括 HSL 限定、RGB 限定、亮度限定和 3D 限定 4 个功能。使用限定器进行抠像时，只要正确地采样图像就可以抠像，不需要使用跟踪功能和关键帧，十分方便。

图 11-12　黑白模式下的 RGB 混合通道

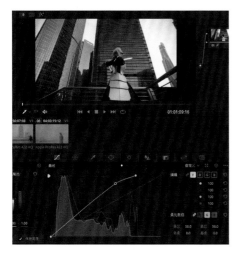

图 11-13　曲线工具

图 11-14　色彩扭曲工具 -1

图 11-15　色彩扭曲工具 -2

图 11-16　限定器工具

　　窗口工具（图 11-17）：达芬奇调色软件的窗口工具可以在画面上划出特定的区域，并对这个特定的区域单独进行调色。窗口工具预设的形状有四边形、圆形、多边形、曲线、渐变 5 个选项。调色师可以根据实际需要选择画面中任意的区域或形状进行单独调色。

　　节点工具（图 11-18）：在达芬奇调色软件中节点工具一定是用得最多的工具，达芬奇调色软件为节点工具设计了多种样式，包括串行节点、并行节点、图层节点、附加节点、分离 / 结合器节点以及各种形状的节点。调色师可以通过这些节点的任意组合对画面进行修改。不同节点的组合没有什么规律，灵活性很高，从而能极大地展示调色师自己的个性和创意。

图 11-17　窗口工具

图 11-18　节点工具

11.1.4　跟踪处理

　　达芬奇调色软件拥有十分强大的跟踪处理功能，如窗口跟踪、稳定器跟踪、特效 FX 跟踪。其可分别对画面中规划的窗口内的动态物体进行跟踪，对画面中每一帧运动的物体进行跟踪，对画面中添加的特效进行跟踪（图 11-19、图 11-20）。

11.1.5　降噪处理

　　噪点形成的原因是摄影机的感光元件 CCD 或 CMOS 在将光线转换为电子图像信号并输出的过程中在图像内产生了杂色斑点，通常由电子干扰引起。由于受到摄影机感光元件性能以及前期拍摄的种种不利条件的限制，我们拍摄的素材会不可避免地产

图 11-19　跟踪器跟踪前定点

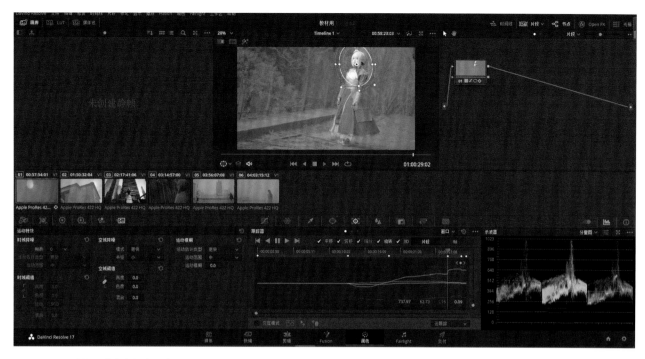

图 11-20　跟踪器跟踪选中部分运动画面

生噪点。

　　包括达芬奇调色软件在内的调色软件一般都有降噪的功能，在达芬奇调色软件中降噪分为空域降噪和时域降噪。空域降噪可对单帧的画面起到降噪的作用，而时域降噪则是将前后帧进行计算，对帧与帧之间抖动的噪点进行抑制。调整的时候只要控制时域阈值和空域阈值就可以降噪。降噪处理工具和效果如图 11-21、图 11-22、图 11-23 所示。

图 11-21　降噪处理工具

图 11-22　降噪处理前

图 11-23　降噪处理后

影片的色调

彩色电影的出现唤醒了电影的艺术魅力,越来越多的电影开始将色调和影片的情节相结合。色彩是一种心理暗示,往往和电影发展的情节息息相关。从美学角度来看,色调能够使电影的美学艺术得到展现,使观众在观看影片的同时感受到场景的变化,产生共鸣。色调手法的运用可以直接表达电影的艺术思想。比如电影《卧虎藏龙》使用了极具东方特色的灰白色调,让观众感受到了中国山水画的美感,武打的场景则选择了竹林,画面采用了绿色调。

在色彩运用上灰白色代表了纯洁与善良,绿色则代表了活力与生命的力量。导演通过这样一种色彩的组合展现了影片的主题,阐述了儒家虚无平和的思想。

色调使电影艺术有了更加丰富多彩的主题,不同的色调不仅能给观众带来不一样的视觉感受,还赋予了电影灵魂。

红色为主,红色的基调蕴含着刺激、热情、轰轰烈烈、奔放和力量,与这部电影展现出的狂野不羁、自由奔放、热情似火的主题思想完美地契合。

电影《拯救大兵瑞恩》是一部冷色调的电影,画面以蓝青色为基础色调。这种色调把战争的残酷与惨烈展现得淋漓尽致。

电影《花样年华》则是一部暖色调的影片,而且整部影片的画面都显得比较阴暗,暗示了影片中的时代气氛和情感主题,给观众营造了一种低沉、压抑的氛围。暖色的暗调也让人产生了一种怀旧、伤感的思绪,这种效果也预示着男女主人公终究不能跨过那道鸿沟,越过内心的道德束缚。

一部电影的色调也不是一成不变的,往往以一种或几种相近的颜色为主导色调,在视觉上让观众感受电影的整体风格。有时在一部电影中随着情节的发展和人物情绪的变化会出现几种对立性很强的色调。

11.2.1 影片的不同色调

提到电影的色调,就不得不谈及色彩心理学。我们生活的世界是五彩斑斓的,人们对色彩的反应非常直接地受到心理感受和喜好影响。每个人喜欢的颜色都不一样,正如每个人的性格各不相同。

每种颜色都有着独特的象征,比如黑色象征高雅、低调、威望;灰色象征稳重、诚恳、认真;白色象征纯洁、神圣、善良;蓝色象征理想、希望、独立;红色象征热情、性感、暴力;绿色象征自由、和平、新鲜;等等。色彩在电影中同样也会给观众带来心理和情绪上的影响。电影《红高粱》的色调以

11.2.2 滤镜的使用

影视剧的拍摄和制作离不开滤镜,摄影师为了达到某种特殊的画面效果,在前期拍摄的时候会在镜头前添加不同的滤镜,如减光镜、偏振镜、柔光镜等。有些画面在拍摄的时候没有加滤镜,而在后期剪辑的时候,由于导演的要求,不得不对某些画面做一些滤镜上的处理,这时候后期的调色软件就开始发挥作用,软件内预设的滤镜以及外置的插件都可以为这些画面在后期添加各种类型的滤镜,来满足导演对影片的要求。

Open FX(OFX)是一种开放的插件标准,在

很多后期软件中都可以兼容，例如达芬奇调色软件、NUKE、Adobe Premiere、Adobe After Effects 等。Open FX 标准的出现就是为了满足这些软件的跨平台使用的需求。在行业内比较常用的插件包括 GenArts Sapphire 蓝宝石插件、Red Giant Universe（红巨星）等。

Open FX 提供了多种风格化的滤镜，包括镜头光晕、光学模糊、色彩转换、棱镜效果、面部修饰效果、修复效果、锐化效果、风格化效果、涂抹效果、胶片颗粒和损坏效果、转换效果以及镜头畸变校正等各种滤镜。

以下是达芬奇调色软件中 Open FX 选项中几个具有代表性的滤镜。

（1）径向模糊效果如图 11-24、图 11-25 所示。

（2）反转颜色效果如图 11-26、图 11-27 所示。

（3）发光效果如图 11-28、图 11-29 所示。

（4）镜像效果如图 11-30、图 11-31 所示。

（5）胶片损坏效果如图 11-32、11-33 所示。

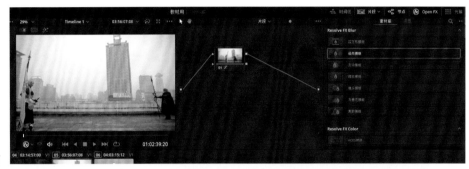

图 11-24　径向模糊效果前

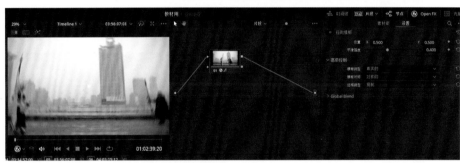

图 11-25　径向模糊效果后

图 11-26　反转颜色效果前

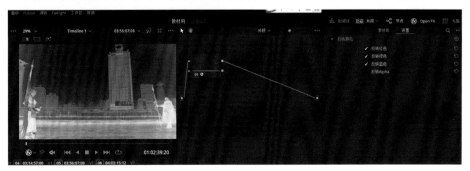

图 11-27　反转颜色效果后

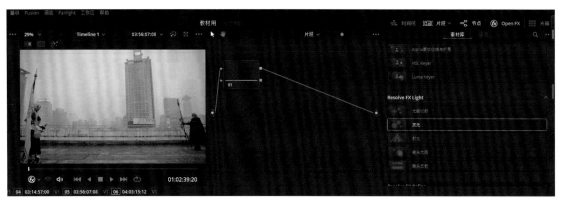

图 11-28　发光效果前

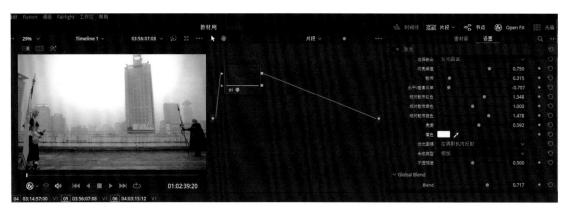

图 11-29　发光效果后

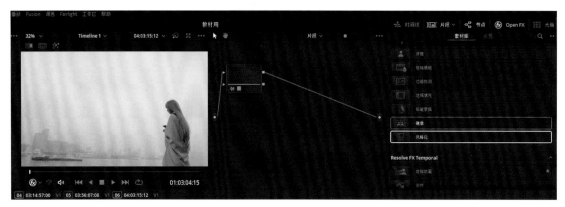

图 11-30　镜像效果前

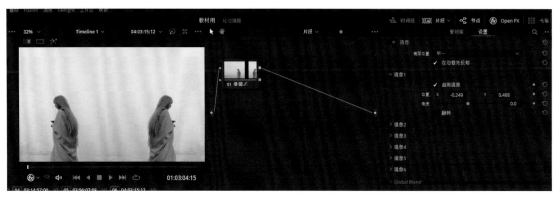

图 11-31　镜像效果后

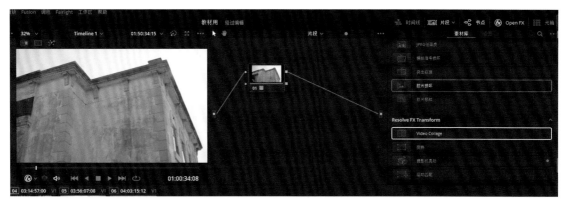

图 11-32 胶片损坏效果前

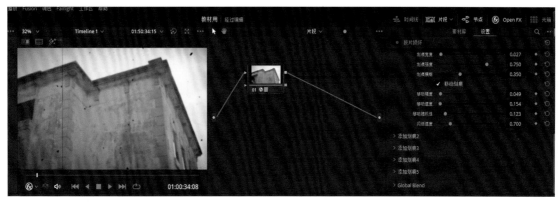

图 11-33 胶片损坏效果后

练习题

一、写一篇关于对电影色调的理解的短文。

二、利用达芬奇调色软件对老师提供的素材进行一级调色。

三、利用达芬奇调色软件对单个画面进行二级调色。

12 强化视觉
效果和听
觉效果

视觉效果和听觉效果是每个导演拍摄和制作影片最重视的内容。要想把视频和声音有效地结合在一起就必须认真考虑一些问题。这些问题包括强化的图像、声音、视频是用来达到什么样的目的的。而答案就是传递信息，加强影片的真实感，建立时间、空间和角色之间的关系，渲染情绪和氛围，等等。

12.1

图像的功能

图像的功能

影视作品的图像包含图案、视觉效果、滤镜和色彩调整等内容，是让观众看到的最直观的信息。一部优秀影视作品的图像可以提供信息，建立时间、空间和角色之间的关系，渲染情绪和氛围，增加真实感和奇幻色彩，吸引观众的注意力。

12.1.1 建立时间、空间和角色之间的关系

《星球大战》这部电影的开头用了一种独特的出字幕方式，从近到远，字体从大变小向远处延伸，这样的出字幕方式很容易让人联想到遥远的宇宙星际。

电影里的一些场景会有时空的交叉，为了区分两个不同的时间段，通常会把过去时间段发生情节的画面的基调定为黑白色或者老旧的黄色。在进行心理描写的时候也会对画面做类似的处理。目前这类效果在电影中很常见，并且观众也已经在潜移默化中接受了这种表现时空的方式。例如在电影《天使爱美丽》中，女主角的心理活动都是以黑白的色调来展现的。

视觉效果也可以用来使角色变得夸张，尤其是一些电脑制作的角色，视觉特效可以增强角色的邪恶或者正义感。在电影《指环王》里，半兽人、咕噜（史麦戈）的视觉特效让人感觉到凶残和邪恶；而精灵和霍比特人的视觉效果则显得其高雅和善良。

12.1.2 渲染情绪和氛围

视觉效果能帮助影片渲染情绪和氛围，最常见的就是把画面放慢。放慢的动作在很多场合都适用，比如在拍摄两个人分别的时候把画面放慢，就更能渲染离别的伤感气氛。如果把动作片的画面放慢，则能够增加画面的张力，比如在电影《黑客帝国》中，男主角躲避射过来的子弹的画面就用了慢动作的视觉特效。有时候还会用慢动作接快动作的视觉效果来增强冲击力，这是一种调动观众情绪的有效手段。

视觉效果的色调往往主导了这部影片的基调。比如电影《英雄》就是以红色为主色调，营造出一种悲壮的氛围，而在秦王识破无名并说出自己的推测的时候，画面用了蓝色这种冷色调，和红色相比，蓝色显得更加温和，少了一分悲壮却多了一分深沉。

画面的构图也会对观众产生一种情绪的引导。比如电影《大红灯笼高高挂》，这部电影在拍摄的时候大量地运用了对称式和框架式的构图。这类构图给人的感觉是拘谨、古板，和这部电影反映封建专制的主题十分契合。

12.1.3 增加真实感和奇幻色彩

在大部分情况下，影视剧中的视觉效果本身就是一种幻想，会展示一些在真实世界中不可能发生的事情。所以我们会看到科幻电影、神鬼电影、动画电

影还有穿越电影的出现。虚构的情节、虚拟的人物或动物、夸张的表演方式都给影片增加了奇幻的色彩。电影《指环王》中的人物和情节是根据小说改编而来的，都是虚构的，在人物形象的设计上增加了很多奇幻色彩，把小说里的形象具象化。观众看到这些画面会主动联想到小说里的人物形象和场景。

电影《星球大战》中的宇宙战斗、宇宙空间的建立也都是一种虚幻的视觉效果。可以说这样的视觉效果是人类对于未知世界和神话世界的探索，虽然它并不存在于现实世界中，但是这类电影满足了人们对于新鲜事物的好奇心。

在一些使用大量电脑制作的影片中，最难把控的就是真实感，现在大部分用电脑制作的电影动作、

神态都是模仿真人来进行制作的，从真人的身上捕捉到各种表情、姿势和动作，然后用电脑制作的时候把这些数据按真人的效果融入电脑合成的人物。比如电影《狮子王》中的动物的神态和动作就是按好莱坞的明星来度身定做的。

还有一类是将真人与电脑制作的场景合成起来的电影，比如漫威系列电影，里面的英雄人物都是真人演绎的，拍摄的时候在影棚内贴上绿色的幕布，演员在绿色的幕布前表演。后期制作的时候把镜头中绿色的部分抠出，保留人物，再将其和电脑制作的场景合成在一起。使用电脑制作的电影可以呈现出宏大的场面、炫酷的动作，给观众以强烈的感官刺激，这也是现代电影发展的趋势。

12.2

声音的功能

对于一部影视作品而言，声音是其灵魂。声音对于人的影响要大于画面对人的影响。我们来做一个试验，如果我们播放一部电影，让你只看画面而听不到声音，看完整部电影后你会很难理解这部电影的内容。相反，如果只让你听声音而不让你看画面，在听到声音的时候人的脑海里会本能地补上画面，听完整部电影之后，你会对情节有一个大概的了解。由此可见声音的重要程度要高于画面。

在一部影视剧中，声音最大的作用就是传达信息，演员之间的对白就是最直接的信息传达。有一些情绪上的演绎，不一定能通过表情的变化准确传达，但是语音的改变可以很容易地传达准确的情绪，并且更容易让观众接受。

旁白也是用来传达信息的。录制旁白前必须做出选择，要确定是根据画面来配旁白，还是根据旁白来拍摄画面。在电影《英雄》开始时，旁白就介绍了李连杰主演的无名的来历以及他的目的。值得

注意的是，在说这段旁白的时候，画面是用固定机位拍摄的无名脸上的表情。如果旁白是对画面的解说，那就毫无意义了。一般而言旁白是为接下来的情节做一个铺垫，和画面的内容并无多大关联。

12.2.1　加入音效和环境音

加入音效和环境音也是一种传递信息和营造气氛的手段，虽然和对白、旁白比起来音效和环境音不是直接给观众传达信息，但是这些音效和环境音会给观众带来心理上的暗示。例如，公鸡打鸣的声音预示着天快亮了，警车铃声响起预示着警察马上就会出现，雷声"隆隆"预示着马上就会下大雨。

在后期进行视频剪辑的同时就要考虑音效和环境音的添加。在影片中音效和环境音是对一种情节展开的预示，在画面和对白出现之前就会透

露一些信息，例如在一段悲惨的音乐响起之后，情节马上就可以转入悲剧。当危机出现转机，随之而来的可以是一段欢快、积极向上的音乐。当出现惊悚的画面时，伴随的阴森的音乐声，会增强恐怖的气氛。

在条件许可的情况下，音效和环境音最好在拍摄现场同步收录，因为这样的效果最真实，也会为后期剪辑带来方便。不过由于条件的限制会有一些音效和环境音无法在现场收录，这就需要在后期合成的时候选用音乐资源库里的音效和环境音。音乐资源库包括一些有版权的音乐网站、CD 光盘等。常用的音效大多是免费的，比如火车鸣笛声、动物的叫声、飞机起飞和降落的声音等。后期调音师还可以使用专用的音频制作软件，根据画面情节的需求对音效和环境音做一些修改。常用的音频制作软件有 Pro Tools（图 12-1）和 Adobe Audition（图 12-2）等。

图 12-1　Pro Tools 声音制作软件

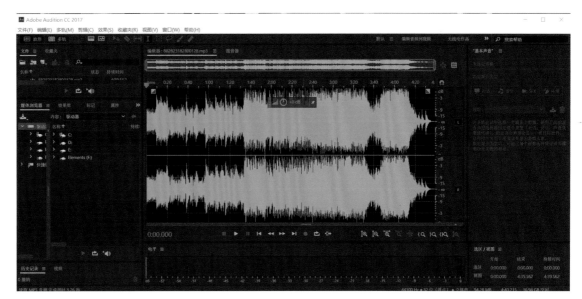

图 12-2　Adobe Audition 声音制作软件

12.2.2　混音

在所有的声音制作完毕后，最后合成的叫作混音。混音就是把所有的声音在影片中最合适的地方与画面结合起来。这项工作需要由混音师在电脑上完成，将所有的画面和声音文件导入电脑后，混音师就开始根据画面来调节声音。电脑里的声音会分在多个音轨上，并且每个音轨都会有标注，如对白、旁白、音效、环境音、背景音乐、插曲等（图 12-3）。

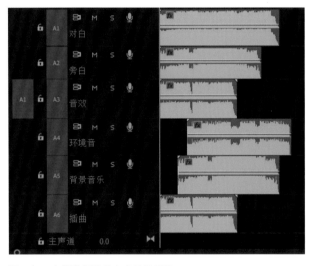

图 12-3　音频剪辑软件上音轨的标注

混音师在对声音进行混合的时候会对每一个音轨上的声音进行仔细的调整，如果背景音乐盖过了对白的声音，就需要减弱背景音乐或者提高对白音量。还有对几段不同音乐的衔接处理，也需要混音师有足够的经验。

12.2.3　创造情绪和营造氛围

在一部影视作品中，音乐是最能创造情绪和营造氛围的，其可以创造出恐惧、忧愁、紧张、愤怒等多种情绪。音乐在世界上的认同度是非常高的，舒缓柔和的音乐给人一种浪漫、平静的感觉；明快的节奏给人一种轻松幽默的感觉；强烈的低音效果给人带来的是沉重的感觉。一部电影的开场音乐往往就能提示观众这是一部喜剧电影还是悲剧电影，或者是其他类型的电影。电影的音乐通常都是在整部影片剪辑完成之后再进行制作的，这样才可以配合场景的情绪和时间性。

虽然音乐主要用于加强电影的剧情感和烘托气氛，但是音乐本身也有它的独立性。有些电影的主题曲由于自身的魅力成了全球影迷心中不朽的名曲，比如 1997 年上映的电影《泰坦尼克号》的主题曲 "My Heart Will Go On"。当这首优美的歌曲响起时，人们就会自然而然想到《泰坦尼克号》的经典画面，以及电影里男女主人公那段凄美动人的爱情故事。

12.3
声画的合成

电影是声音和画面的合成体。导演和剪辑师最重要的工作就是把画面和声音合理地连接在一起。在拍摄画面的同时进行现场对白和环境音录制的方法叫作同期声，声音和画面中发声者的嘴型是完全吻合的，这就是声画同步。与之相反，当声音和画面中发声者的嘴型不吻合的时候就是声画不同步，这也是一种剪辑的手法。

剪辑师开始对视频素材进行初剪的时候，是把画面和同期声放在一起的，随着剪辑工作的进行，画面的长短和前后顺序有了改变，这个时候剪辑师就可以建立完全不同的声画结构。在反打镜头、特写镜头、分切镜头等部分可以把其他地方的声音用到这些镜头上面。有时候我们是先听到声音，间隔一会儿才看到画面；有时候我们看到的是现在的画面，但是听到的是该角色以前的对话。

在对声音和画面进行处理的时候要考虑到什么时候及如何建立声画之间的联系。例如，音乐通常会渐渐地响起，逐渐把情节推向高潮，等结束的时候再缓慢地弱下去，直到消失。不过战争片中炮弹爆炸时则要瞬间爆发出最大的音量。

对于音效的处理，除了声画同步外，也可以用到声画不同步，比如画面里并没有关门或开门的镜头，但是音效里却出现了关门或开门的声音，那就预示着有人出去或者进来。这也是一种声音的蒙太奇。

没有一种声音是和画面永远保持一致的，电影导演和剪辑师可以自由创作，建立任何声音和画面的关系。声音可以来自故事的叙述空间，也可以来自叙述空间之外。声音源可以在画面之中，也可以在画面之外，用来传达过去、现在或未来的信息。

总之，声音和画面之间的关系使电影产生了各种蒙太奇的剪辑手法，赋予了电影更加有趣的灵魂。

练习题

一、结合电影声音部分的内容，写一篇文章，要求对电影中的音乐、对白、旁白、音效等进行详细的分析。

二、电影的色调是本章的一个重点，请结合具体的电影对其色调进行分析，分析色调对画面的影响、对情节的影响，并写一篇文章。

13 数字高清影像的发展趋势

数字高清电影发展概述

著名导演乔治·卢卡斯的数字电影《星球大战前传Ⅰ——幽灵的威胁》于 1999 年在美国的电影院第一次作为商业电影放映，标志着 1999 年成为数字电影发展史的元年。目前电影院播放的电影几乎清一色都是数字高清电影。

在家用领域，数字高清影像也已经全面普及，我们使用家用电视机、电脑、手机等播放影视剧，都是用的高清数字信号。而且数字影像的清晰度越来越高，分辨率从 2K 到 8K（图 13-1）也就用了短短的几年时间。

2005 年，包括 Disney（迪士尼）、Fox（福克斯）、MGM（米高梅）、Paramount（派拉蒙）、SONY（索尼）、Universal（环球）和 Warner（华纳）在内的七大电影公司成立了一个数字电影组织（Digital Cinema Initiatives）并联合发布了转换数字电影的规范。这个规范可以让电影制造商出品的数字电影在全世界的电影院内进行播放。数字电影的出现大大降低了电影制作公司制作电影的成本。

首先，传统的胶片电影在拍摄的成本上要高于数字电影。其次，电影制作完成后要做成拷贝到影院播放，而数字电影的拷贝成本要比传统胶片电影的拷贝成本低大约五分之一。还有电影的保存，胶片电影是一种化学制品，有一定的保质期，随着时间的推移，胶片会发生老化而造成图像的损失；数字电影保存的是数据，可以拷贝在硬盘上，只要不发生物理损坏便可以永久保存，并且可以做多个备份。

数字高清电影的出现，给电影的剪辑和特效制作带来了全新的空间。传统的胶片电影如果要在电脑上进行非线性编辑，就需要通过胶转磁使用数字中间片把胶片电影转为数字格式，再导入电脑剪辑合成，完成剪辑后再进行磁转胶，形成胶片拷贝给影院放映。现在的数字电影就不需要如此复杂的过程了，拍摄的素材都是数字信号，可以直接导入电脑进行剪辑。最关键的是可以和电脑制作的特效同时剪辑和合成，极大地提高了电影后期制作的速度。

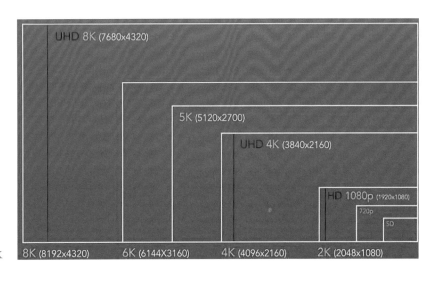

图 13-1 数字高清图像的分辨率从 2K 到 8K

数字高清电影的发行

数字高清电影的发行途径主要有三种。第一种途径是电影院的放映，第二种途径是广播电视台的放映，第三种途径是网络流媒体的放映。

现在的电影放映能够做到全球同步公映都是因为数字电影可以十分方便地进行传播。电影制作公司可以通过通信卫星、光纤、网络等现代化数据传输方式进行数字电影的传输，极大提高了其传播速度，扩大了其传播的覆盖面。一部新的电影从开始发行到放映的周期大大缩短了，所以数字电影才能够在第一时间做到全球同步公映。

广播电视台的数字电影放映相对于影院的放映往往要延迟很多。首先广播电视台作为一个传统的媒体需要取得电影的播放版权，也就是花钱把电影的放映权购买下来。然后电影发行公司根据广播电视台的需求把数字电影的格式转换成在电视台播放的格式。全世界每个国家的电视台制式都不相同，主要有 PAL、NTSC 和 SECAM 三种制式。例如中国电视台的通用制式是 PAL，日本电视台的通用制式是 NTSC。数字电影经过数据的压缩后文件会变小，清晰度也会有很明显的下降，不过对于广播电视台的放映来说已经足够了。

网络流媒体是数字电影的另一个发行途径。同样网络放映也需要向电影制作方购买播放的版权。获得版权后，电影发行公司会将电影的数据传给网络公司，网络公司会根据自己网络的特性将其格式转化为适合自己的数据格式（这种适合在网络播放的媒体格式称为"流媒体"），然后将其投到各个平台供观众在线观看或者下载观看。

音像制品是数字电影发行的衍生产品。电影的发行商把数字电影压缩制作成 VCD、SVCD、DVD、Blu-ray Disc（蓝光碟，简称 BD）（图 13-2）以及 4K BD，其画质的清晰度从低到高。

画质最差的 VCD 的容量大约是 800M，DVD 的容量大约是 4.7G，而一张普通的单层蓝光碟的

图 13-2　Blu-ray Disc（蓝光碟）

容量大约是 27G，4K 蓝光碟的容量达到了 50G，如果是一张 16 层的蓝光碟，则其容量可以达到 400G。碟片的技术一直在飞速发展，日本的先锋和索尼目前研发的光碟容量在未来可能可以达到 512G 甚至 1T。这些碟片在各种电子音像商店内出售，或者在网络上进行销售，获得的收入大部分归电影发行公司所有。

13.3
网络对数字高清影像的影响

互联网的迅速发展改变着我们的生活，当然也影响着影视业。网络已经成为数字影像的主要发行渠道之一，很多在电影院线上映的新电影，用不了多久就能在网络视频平台观看，有些电影的首映甚至被直接放在了网络上。

相比于在电影院观看电影，在网络上观看电影更具有灵活性。各大网络视频公司都开设了自己的移动终端 App，使用者只要下载播放视频的 App 即可观看电影，而且这些网络视频公司的电影资源非常丰富，观众可以任意挑选喜欢的电影观看。只需要手机、电脑或者 iPad 等移动终端就可以随时随地观看电影，这也是电影院无法比拟的。

网络电影的盈利方式多种多样，可以包月观看绝大部分资源库内的电影，也可以单独点播，只需要支付一笔很少的费用就能观看大量的电影。从经济角度出发，在网络上观影也要比在电影院观影实惠很多。所以网络视频公司拥有了大批的忠实用户，并力求这些用户持续稳定地消费。但是我们也能看到，即便如此还是有很多人去电影院观看电影，其主要的原因是影院的音响效果是在移动网络终端上观看电影所达不到的。另外，电影院作为交友和亲子互动的场所是可以营造氛围的，这点在网络上观看电影是无法实现的。

总之，网络的普及和发展为影像类节目开拓了一片广阔的天地，让数字高清影像的传播又多了一种媒介，并且使其传播的速度大大提升，覆盖面也有所扩大。在未来很长一段时间内，数字高清影像将会通过更多种介质在人类社会中传播。

13.4
数字高清影像的未来

数字高清影像的发展是十分迅速的，现在的数字高清摄影机的拍摄功能越来越强大，从画面的质感来说其已经逐渐接近传统的胶片，在画面的清晰度和分辨率上甚至已经远远超过胶片时代的影像，其所欠缺的仅仅是还没办法完全达到胶片画面的质感。此外，尤其是在低照明的环境下，胶片由于其化学感光度特性，只使用很少的灯光就能营造出理想的光线效果；而数字高清摄影机则需要依靠大量的灯光来获得满意的光线效果。不过随着数字高清摄影机技术的进步，这些差距变得越来越小，以ARRI、RED 和 SONY 等品牌的顶级数字摄影机为例，几乎每两到三年就会有一次革命性的技术革新，相信数字高清摄影机的拍摄效果完全达到甚至超越传统胶片摄影机的日子不会离我们太远。

练习题

一、写一篇关于数字高清影像未来发展趋势的论述文。

二、综合从本教材中学习到的知识，拍摄一部具有完整情节的微电影。

实训项目

按学习班级人数把学生分成若干个小组，每个小组 5～6 人，小组成员要分工明确，分别负责编剧、导演、摄影、后期、特效合成、道具、美工等岗位，可以一人身兼多职。拍摄一部微电影，题材不限，时间长度为 5～10 分钟，必须有完整的情节、对白、音乐、音效等，要完成字幕制作、剪辑、特效制作、颜色校正等工作。

参 考 文 献

[1] 格罗斯，沃德.拍电影：现代影像制作教程（插图第6版）[M].廖澹苍，凌大发，译.北京：世界图书出版公司，2007.

[2] 苏启崇.实用电视摄像[M].北京：中国广播电视出版社，2000.

[3] 弗里曼.摄影师的视界：迈克尔·弗里曼摄影构图与设计[M].张靖峻，译.北京：人民邮电出版社，2009.